# 沒有搞不定的工作，只有沒搞好的關係

## 把同事、部屬和客戶通通變成神隊友！用五個關鍵提問改善關係，合作效益最大化

How to Work with (Almost) Anyone: Five Questions for Building the Best Possible Relationships

麥可・邦吉・史戴尼爾（Michael Bungay Stanier）著
林宜萱◎譯

你的工作關係品質決定了你的成功與幸福。

不要再碰運氣了，開始建立最佳可能關係吧。

——麥可・邦吉・史戴尼爾

（這名字有點冗長，所以很多人都叫我MBS）

本書將是改善千萬段工作關係運動的起點。

#最佳可能關係

BestPossibleRelationship.com

# 名人盛讚

「我最喜歡麥可・邦吉・史戴尼爾作品的一點是：他能夠基於深入研究的想法和數據提供可行的戰術策略，然後打包成一本可以在飛機上閱讀的書。其中的真實智慧始終縈繞我心。我一直在思考著書中提到的最佳可能關係以及基石對話。」

——布芮尼・布朗（Brené Brown）博士，紐約時報暢銷書《心之地圖》（暫譯，Atlas of the Heart）與《召喚勇氣：覺察情緒衝擊、不逃避尖銳對話、從心同理創造真實的主導力》作者

「這本小書的每一頁都有可行的建議，讀起來也很有趣。」

——艾美・艾德蒙森（Amy Edmondson），哈佛商學院教授，《心理安全感的力量：別讓沉默扼殺了你和團隊的未來！》作者

「這是一部現代經典，將拯救人際關係、職業發展以及組織。」

——賽斯．高汀（Seth Godin），《意義之歌》（暫譯，The Song of Significance）作者

「這是一份實用的戰術指南，幫助你重建最人性化的技能：對話。必讀之書！」

——金．史考特（Kim Scott），《徹底坦率：一種有溫度而真誠的領導》以及《就是工作》（暫譯，Just Work）作者

「麥可．邦吉．史戴尼爾化繁為簡的天才在本書中徹底展現。太棒了！」

——惠特妮．強森（Whitney Johnson），華爾街日報暢銷書《聰明成長》（暫譯，Smart Growth）作者

「麥可．邦吉．史戴尼爾這本培養基石對話的實用指南，可以釋放個人及

廣義團隊的全部潛力。」

——洛倫．I．舒斯特（Loren I. Shuster），樂高集團公司人資長暨公司事務部主管

「這本深刻之書將向你展示如何建立良好關係，即使是在困難時刻。閱讀本書讓我覺得我可以和任何人一起工作！相信你也會有這樣的感覺。」

——莉茲．懷斯曼（Liz Wiseman），紐約時報暢銷書《影響力習慣：五種心態×十五個習慣，從邊緣人變成最有價值的關鍵人物》作者

「這本書把『開啟、改進和維持最佳可能連結關係』的複雜過程做了很棒的簡化。」

——布魯斯．W．帕克（Bruce W. Parker），加拿大德勤會計師事務所首席銷售長

「麥可．邦吉．史戴尼爾教給我們的『基石對話』，正是我一直在尋求用來幫助領導者更好地展開任何關係的實用架構。」

——戴夫．斯塔喬維克（Dave Stachowiak），「領袖教練」播客節目主持人

「這本出色的書提供了實用工具和自我反思，幫助你獲得成功進行任何對話的重要洞察。」

——史蒂芬妮．岡本（Stefani Okamoto），微軟全球學習與發展總監

謹將此書獻給過去一起共事過的人們，
謝謝你們教會我，「美好的工作關係」代表的是什麼意思。

# Part 1.
# 基石對話的五個問題

# 目錄
contents

## Part 2. 如何進行一場基石對話

Part 3.

# 讓最佳可能關係持續存在

# 目錄
contents

愛，是一個動詞。

——埃絲特．沛瑞爾（ESTHER PEREL）

## 最佳可能工作關係

安全、有生機、可修復的
工作關係

# 別再僥倖碰運氣了

你的幸福和成功取決於你的工作關係——你管理屬下、與老闆合作、與同事和同儕進行協作的方式，以及與重要潛在客戶、關鍵客戶連結的方式有多順利。

但殘酷的事實是：我們大多數人都將這些關係的健康和命運留給機率來決定。我們打個招呼、寒暄一番，祝一切順利，然後立即投入工作。

這也難怪，需要做的事總是緊急萬分、耗時耗力，而且就在眼前。於是，你捲起袖子、跳進去幹活，同時交叉手指求老天保佑，希望對方和他們看起來一樣好……或者不要太糟就好。事實上，你只是希望那不會成為一場惡夢（我們大多數人都已經失望過很多次，因此已經學會大幅降低期望）。

很快地（有時需要幾週，有時只需要幾分鐘），第一道裂縫就會出現。一個誤會。未達預期。低級惱人之事。一個偶發的奇怪行為。看待世界或完成事情的方式不同。壓力下的突然爆發。

簡而言之，就是「失望」。

每一段關係都會在某個時刻變得不怎麼令人滿意，無論是一段良好關係脫軌，或者是從一開始就很糟糕的關係。當這種不理想的狀況發生時，我們大多數人都不知道該怎麼辦。我們責怪對方，或者責怪自己，又或者責怪宇宙（也可能三者都有）。我們感受到所有的負面感受：悲傷、失望、惱怒、沮喪。但大多數情況下，我們都接受了這樣的事實：關係總是會變得有點破裂、有點陳舊過時，又或者比以前更糟一點。生活就是這樣嘛，我也沒辦法。日子還是得繼續下去啊。

但是，其實並不一定要如此。

## 每段工作關係都可以變得更好

想像一下，如果能達到以下這樣，感覺如何：

- 盡可能長期地維持良好的關係。
- 遏止混亂的關係運作不良，避免這些關係帶來痛苦，並能提高工作效率。
- 重置那些還算可以的關係，如此一來，當關係動搖時，也能更快回到正軌。

以上這些解方中有個重要部分是相同的，就是積極建立「最佳可能工作關係」（Best Possible Relationship，BPR）。當你承諾建立最佳可能工作關係時，就是承諾要有意識地設計和管理你與他人合作的方式，而不是被動接受發生的一切。透過最佳可能工作關係，你建立的關係是安全、有生機、可修復的。這是更快樂、更成功的工作夥伴關係基礎。

## 最佳可能工作關係：安全、有生機、可修復

維特魯威人（Vitruvian Man）是達文西（Leonardo da Vinci's）的代表畫作之一：一個裸體男性面對我們，雙手雙腿指向兩個不同的位置，並同時處於圓形和正方形之內。這是要展示出理想的人體比例，並以羅馬建築師維特魯威（Vitruvius）命名；他提出了建築的三個基本屬性是堅固、實用、美觀。

在此，我們不是要蓋什麼戴安娜神廟，但我們確實需要自己的原則來理解最佳可能工作關係的基礎。「堅固、實用、美觀」是不錯的選擇，但我們可以找到更好的原則。

打造安全、有生機以及可修復的關係。

「安全」就是消除恐懼。哈佛商學院的艾美・艾德蒙森（Amy Edmondson）是心理安全理念的倡導者，她將安全感做了這樣的定義：

> 一種「信念」，相信一個人不會因為說出想法、問題、擔憂或錯誤而受到懲罰或羞辱；相信團隊在人際間的冒險是安全的。

大量研究證實，心理安全可以釋放多樣性的好處、提高變革中的敏捷性以及擴大創新能力，因而創造個人和團隊的成功。

不僅僅是「坦率直言」的風險會讓人們在工作中感到不如他人，光是「展現自己」就已經帶來過多的恐懼。德勤公司（Deloitte）在二零一三年一項研究提到「掩蓋」（covering）一詞，這是個社會學術語，指的是具有被汙名化身分的人淡化自己的身分，並盡可能隱藏它。研究發現，近三分之二的員工淡化了自己的部分身分。谷歌的管理研究專案「氧氣計畫」最近將「創造包容性團隊環境，展現對成功和福祉的關注」能力新增為卓越管理者的必要特徵。

「有生機」指的是擴大好行為。我選擇這個詞是因為它有雙重含義：既重要又活躍。「有生機」將「安全」視為籌碼，然後問「遊戲是什麼」、「我們玩這個遊戲的目的是什麼」。它概括了丹尼爾．品克（Dan Pink）在《動機，單純的力量》一書中提到的三位一體：人們的動機來自於目的感、自主性和掌控感。「有生機」意味著建立一種正確結合「支持」與「挑戰」的工作關係，在這種關係中，每個人都有最佳機會去做真正重要的工作，為此承擔責任、做出自己的選擇，並從中學習和成長。

「可修復」說明了一個事實：所有關係都有某種程度的脆弱，並且都會有破裂（從內部損壞）和凹陷（從外部損壞）的時刻。「安全」和「有生機」固然很好，但如果稍有損傷就會崩潰，那麼這樣的關係缺乏韌性。最佳可能工作關係並不意味著永遠不會有困難時刻，而是意味著有修復損害並繼續下去的承諾和能力。這可以阻止傷害的升級和僵化，讓關係有機會重啟，並且因而比以前更為牢固地持續下去。

安全、有生機和可修復關係的影響可以在個人和組織層面感受到。更好的工作被完成、更好的重要成員被留下、更好的心理健康、更加的繁榮和投入，從仲裁到解僱等需要人力資源介入的情況也更少。

## 基石對話

建立最佳可能工作關係的核心是基石對話（Keystone Conversation）。在建築中，基石（又稱拱頂石）位於拱門頂部，橋接兩側，將兩邊以穩定平衡的方式固定在一起，讓拱門得以承受重量。基石隨時間而逐漸呈現安定狀態，讓拱門越來越穩定。沒有這個基石，拱門就會倒塌。

人們會加入某個組織，但會因某個管理者而離開。
你不會想要成爲那個管理者。
你也不會想要有那樣的管理者。

一九六九年，動物學家羅伯特．潘恩（Robert Paine）運用了這個想法。在生物學中，關鍵物種（keystone species）是相對於物種豐富度而言，對環境影響比較大的物種。它是健康生態的組織力量，沒有它，生態系統將完全不同或完全崩潰。

在消失七十年之後，灰狼於一九九五年被重新引入黃石國家公園。之後，一系列的變化開始了，並持續至今。更多的狼意味著麋鹿覓食的時間更少，因此更茂盛和多樣化的植被得以繁殖，包括柳樹。更多的柳樹意味著更多的鳴禽和更多的海狸；更多的海狸改變了河流的樣貌；河流的改變意味著魚類的增加。就是這樣的變化，讓生態變得更有韌性、更加多元、不斷發展和繁榮。

你可以隨自己喜好選擇建築版或生態版的比喻。無論哪一種，關鍵基石都使系統能夠承受壓力、保持健康，並隨著時間進展而變得更為強大。而我們也努力透過基石對話來得到同樣的成果。

以下是使用基石對話開始建立最佳可能工作關係的方式。首先，問自己五個基本問題來準備：

**放大問題**：你最棒的部分是什麼？

**穩定問題**：你的做法和偏好是什麼？

**好約會問題**：你可以從過去成功的關係中學到什麼？

**壞約會問題**：你可以從過去挫敗的關係中學到什麼？

**修復問題**：當事情出錯時，你會如何修復？

這些問題直接而有力。它們很容易快速回答……但要好好回答的話，需要一些運作才行。這些問題的魔力在於創造一種在多數工作關係中非典型的對話。在接下來的章節中，我會列出一些提示和空間，讓你逐一回答這五個問題。你會對自己的發現感到驚訝。

接著，你需要實際展開對話。一開始會感覺尷尬，但有些方法可以協助你更輕易、較少壓力地來做到這一點。我將在後續章節分享邀請他人進行對話的策略，以及如何讓對話在開始時不那麼棘手和奇怪、在過程中更有效用，以及如何有力地結束對話。

最後，你需要透過定期維護來保持最佳可能工作關係的活力和蓬勃發展，讓它保持安全、有生機而且可修復。就像我們創造的幾乎所有事物一樣，關係也是需要被照顧的。

本書最後還加碼提供了「認識你所擁有」單元（Know Your Stuff）。古人說「要認識你自己」，這對於基石對話和任何最佳可能工作關係來說，都是有用的指導。本節的練習可幫助你更清晰和深入地了解自己，包括陰影面以及光明面。

## 但什麼是成功？（不是你期望的那樣）

基石對話是透過建立三件事來打造最佳可能工作關係的基礎。

首先，它產生共同的責任。在許多組織中，創建最佳可能工作關係都是從未想過、常常是反文化的行為。照料這段「扮演成功與幸福核心角色」的關係是雙方的責任。我們將如何共同或個別努力來實現這個共同目標？

其次，基石對話允許繼續談論美好時期和（很重要的）未來困難時期的關係。它承認事情不會總是那麼美好，關係需要調整、修復、重置和重振。一旦你們開始互相問：「我們希望它是什麼樣的關係？」接著就可以問：「我們做得如何？」最佳可能工作關係的共同目標成為「被允許」的對話主題（最理想的情況是變成「正常」的對話主題）。

最後也是最明顯的一點：基石對話可以讓你對坐在桌子對面的那個人有更深入的了解。有時你可能會覺得別人沒有完全欣賞你的全部、你的複雜性和細微差別。桌子對面的人也有同樣的感覺。在思考對方是誰、他們的動力來源以及他們能給予什麼時，很容易編織出不完整和不準確的故事。基石對話可以讓你更接近故事的真相和對方的人性。

## 不是心理治療，也不是交友軟體，但也許有點激進

這是一本輕薄短小、充滿實用價值的書。它不是深入的心理研究（儘管書中借鑑了不少這種智慧），但也不像交友軟體「向右滑動表示喜歡」那樣簡單。這本書提供最有效的切入點，幫助你透過實用日常的工具來改善重要的工作關係。

如果你與其他人一起工作，無論是處於職業生涯的起步還是成熟階段，無論你是經理還是個人貢獻者，這些內容都會很有幫助。它適用於組織內外各種利害關係人的關係經營。無論你是想以正確的方式開始工作，還是希望改善某段已經存在的工作關係，都可以使用這些工具。但請記住：它的應用也是激進的。

當我向一位在矽谷知名公司擔任高階主管的朋友展示這本書的早期版本時，她建議我要認清一件事：投資在最佳可能工作關係上需要多大的勇氣和精力。她說，這並不是大多數組織的正常運作方式。她是對的。如果你讀到目前為止也懷疑這是否可行，那麼你並不孤單。這是常見的第一個反應。

當你著手建立最佳可能工作關係並進行基石對話時，你會遇到阻力，尤其是來自你自己的阻力。你可能會破壞當前對等級制度、權力和領導力運作的期望。這會是不尋常、尷尬和意想不到的——如果你和你所管理的成員一起這樣做的話。如果你對直接下屬以外的其他關係也這樣做，那就更不被期待了。它確實會越來越容易，但就像任何新技能一樣，一開始會很困難。你正在創造一種與人合作的新方式。

作家威廉．吉布森（William Gibson）表示，「未來已經來臨，只是還沒有均勻分布。」當你採用這些方法時，就是選擇成為未來。談論創造心理安全和一個讓人得以蓬勃發展的工作環境是一件好事，而基石對話正是幫助你達成這個目標的方法之一。

## 得之不易的智慧

在過去三十多年，我經歷了被動、成長、破裂、培育、忽視、修復、背叛、慶祝和結束的各種工作關係。在過程中，我曾被喜愛過，也曾被徹底討厭過。有些人激發出我最好的一面，有些人則設法摧毀了我的精神、靈魂、決心和信心（還好只是暫時，謝天謝地）。我也對其他人做過這些事。

我的這些成功和失敗都是來之不易的智慧，我把我所學到的以及有效的方法都寫進了這本書。如果你想與關鍵人物建立最佳可能工作關係，請務必繼續讀下去。

## 誰是你的最佳可能工作關係人選？

當你閱讀這本書時，心裡預想著一個對象會很有幫助，這樣能更具體地想像基石對話在實際生活中如何發揮作用。以下提供一個發想清單，透過這些特徵說明來幫助你想到某個特定人選，找出你可能願意一起打造最佳可能工作關係的人選。

### 找到你的最佳可能工作關係人選

**以關係類型來思考：**

□ 直屬主管／屬下
□ 你的上司
□ 同儕
□ 關鍵同事

- □資深夥伴
- □有資源的人
- □供應商
- □客戶
- □有影響力的人
- □把關者
- □潛在客戶

**以關係階段來思考：**

- □就任之時
- □全新
- □早期
- □某段旅程的中間
- □某段旅程結束之時

**以關係健康程度來思考：**

- □尚未經過測試
- □良好
- □挫敗及破碎
- □完全合適
- □即將變調

**這對你而言為何重要？**

- □我致力於讓我的人馬蓬勃發展
- □我想要努力讓彼此邁向成功
- □我們目前共事的方式是不快樂的來源
- □我想要讓好的事情持續進行
- □我覺得雙方處於平庸關係之中

- □我想要有信任及負責的關係
- □我們目前共事的方式是憤怒及挫敗的來源
- □我想要減少未來的失望
- □我想要在工作關係的展現上更為勇敢／清晰／透明

所以，誰才是你要找的那個人？

▼請到 BestPossibleRelationship.com 網站或掃描 QR code 下載模板，幫助你找出你的最佳可能工作關係之人（以及其他參考資源）。

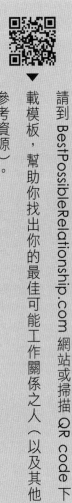

每一場冒險都是新的開始，
是對無法述說事物的突襲。

——T. S. 艾略特

Part 1.

# 基石對話的五個問題

## 討論共事主題時需要談的話題

# 為基石對話做準備

我在大學時曾做洗碗工以支應生活開銷，自以為知道餐廳的運作狀況。但當我開始看《主廚的餐桌》（Chef's Table）這樣的節目時，我才開始意識到一頓饗宴需要付出多少努力。

我知道主廚要決定菜單上提供哪些選項。我也看過烹飪本身的戲劇性：喊著點菜，許多人忙著攪拌、燒烤、調味、擺盤，然後人人都要大喊「遵命，主廚！」，但我沒有意識到廚房在幾個小時前就開始了大量的準備工作。切片和修剪蔬菜，使它們保持完美形狀；準備各種肉類，製作醬汁。只有當手邊有所需的各種材料時，才能烹調出美味的餐點。

接下來的幾頁用料理來做比喻的話，就是讓你在準備基石對話時「穿上圍裙」並「磨利刀具」。在這其中，你將找到構成基石對話的五個問題、促進思考的核心練習以及提供你闡明答案的書寫空間。有些答案很直接，有些則否。

以下是這五個問題的內容：

**放大問題**——你最棒的部分是什麼？

這問題幫助你說出你最重要的特質。它與正向心理學、欣賞性探究和正向偏差法等學科一致，都是專注於「真正奏效」的元素。你可以稱它是「把音量再放大一點」（出自 Spinal Tap 樂團）或「再多一點牛鈴」（出自《週末夜現場》節目短劇哏，意指更加突出、更有存在感），總之都是為了放大既有的好特質。

**穩定問題**——你的做法和偏好是什麼？

這個問題點出了我們都是習慣的生物這一事實。你所做的大部分事情以及如何做那些事，都有穩定的可預測性。你越能向他人詳細解釋自己喜歡的工作方式，他們就越容易支持你做到最好。這個問題很有啟發性，因為根據定義，習慣是無意識的行為。這通常會幫助你第一次留意到自己偏好的工作方式。

**好約會和壞約會問題**——你能從過去成功／挫敗的關係中學到什麼？

這點出了另外一個事實：你過去的各種關係各有其古怪之處，但都能提供關於成功和失敗模式的極佳資訊。透過從過去的經驗中吸取教訓，你將能夠加倍努力於過去成功的要素、避免無效的作為。此題的答案將能幫助你主動建立一個最有可能蓬勃發展的環境。

**最後一個是修復問題**——當事情出錯時，你會如何解決它？

這涉及一個令人不安的事實：每一種工作關係都會遇到困難。這個問題並不認為「時間可以治癒所有傷口」，也不會假設事情一旦破裂就會永遠維持破裂狀態。相反地，它為你開啟了一些方法，協助你在失望、干擾和卡住的時候能加速回到正軌。

## 戈登，退後點！

告訴大家一個好消息：在工作上要準備這五個問題的答案，並不像和戈登．拉姆齊（就是大喊「這他X的是生的！」的那個主廚）一起待在廚房那麼緊張。慢慢來。勇敢、敞開、誠實以待。不要對美好事物保持謙虛，也不要跳過身上比較混亂的部分。你不必分享自己發現的每一個見解，但你的準備越充分，就能從中汲取到越多材料來打造最佳可能工作關係。

## 想要更深入一點嗎？

以你現在的自我意識水準及核心練習所揭示的內容來回答這五個問題，是絕對沒問題的。但是，如果你有興趣擴展對這些內容的理解，本書最後加碼提供的「認識你所擁有」單元提供了更深入的練習，這些練習可能會引起你的興趣，並證明對你有所幫助。

▼

請到 BestPossibleRelationship.com 網站或掃描 QR code 下載模板，幫助你回答五大問題，為基石對話做好準備，同時獲取更多資源。

# 放大問題：你最棒的部分是什麼？

《赤手登峰》（Free Solo）記錄了艾力克斯・賀諾德（Alex Honnold）成功攀登優勝美地國家公園酋長岩的歷程。這是一堵高聳的花崗岩牆，從下到上超過三千呎（九百公尺）。大多數團隊需要使用繩索、登山扣和掛在山邊的帳篷，歷時二到三天才能完成。賀諾德在沒有繩索的情況下獨自攀登了這座山——「徒手攀登」，而且花了不到四個小時。螢幕前的觀眾們屏氣凝神，目不轉睛地看著他不斷往上攀爬。

千萬不要以為賀諾德只是出現了這麼一天就爬上去了。這部紀錄片的部分力量就在於展示了他多年來的痴迷：訓練、精心設計、想像，以及無休止、堅持不懈的練習。當他實際進行攀登時，他清楚知道需要如何在空間中移動，以及每一步的手和腳該放在哪裡。

最著名的攀登活動（一九五三年首次登上珠穆朗瑪峰）也是如此：在六個星期的時間裡，艾德蒙・希拉里（Edmund Hillary）和丹增・諾爾蓋（Tenzing Norgay）來回上下了四十多次，建立營地，探索前方的道路。將路線固定下來、適應環境、練習，直到五月二十九日登頂。

以上都是關於那些真正到達巔峰之人的故事。這些處於最佳狀態的時刻交織了三個要素。首先，是他們的天賦：力量和優雅、肌肉和肺。然後是這些優勢如何隨著時間而不斷聚焦、打磨，在一千個小失敗後逐漸浮現成功之路，以及練習和經驗如何創造精通的境界。最後，則是找到合適的時機和背景來充分展現一路以來所學到的一切。

## 登頂

我們當中沒有多少人追求登頂高山的榮耀，但我們都有機會發現自己的才能、努力精通這些才能，並了解自己在什麼環境與時機能處於最佳狀態。這就是為什麼基石對話的第一個問題是：「你最棒的部分是什麼？」這個問題邀請你表達，什麼創造了你的巔峰時刻、你的才能、你喜歡做和擅長的事情，以及自己在什麼時候容易最能發光。

## 放大問題的力量

當你在個人或組織層面努力應對變革時，一個基本的選擇是：你是專注在那些無效的事情，還是能發揮作用的事情上？一般人的反應往往是趨向固定心態；但有部分變革專家認為，擴大已經有效的措施是最好的主要策略。如何把好的東西變得更大、更閃亮、更好？如何建造道路而不是填補坑洞？

你的優勢可以包括技術、情感和關係方面的才能。但擅長某件事並不會自動使它變成你的優勢。馬克斯．巴金漢（Marcus Buckingham）在該主題上著有多本著作，他說：「優勢是一種可以增強你力量的活動。它會把你吸引進來，讓你做這件事的時候時間過得飛快，而且讓你感覺很強大。」你可能擅長某件事，但仍然發現它會榨乾你而不是提升你。

如果你有更多時間能發揮自己的優勢，你會更快樂、更成功。當你和另一個人告訴彼此自己的優勢是什麼，你就會獲得一些訊息，知道這段最佳可能工作關係可以如何將雙方的優勢盡可能地引導出來。

能力的詛咒會把你絆住，
讓你做那些擅長但沒有自我實現感的事情。

## 【核心練習】擅長與滿足

「你最棒的部分是什麼？」這一題的答案不僅僅是在確定你擅長什麼而已。事實上，你可能會被自己不太擅長的事情束縛住，因為把「擅長」歸到「得到滿足、自我實現」那一類是容易之事，這一點非常惱人。當你擅長做自己不喜歡的事情時，就會被自己的技能水準所困。你做得很好，所以人們就把它交給你來做。你做得很好，所以你認為那是自己該做的事。你做得很好，所以不能完全相信別人也能做到同樣水準。這就是能力的詛咒。

這項練習的一個強力成果是能夠在基石對話中說：「我擅長做這個……而我不喜歡做。」

進行這項練習時，請區分出「擅長的事」和「實現自我的事」。請使用一個二乘二的矩陣——一個有十字架的表格，分成四個相等的空間。其中一軸是

「擅長程度」（從低到高），另一軸是「自我實現程度」（也是從低到高）。考慮你的主要職責和最常見的日常任務，並將它們分派到適當的方格中。

如果幸運的話，你的「擅長度高／自我實現程度高」的方格中會有幾項任務：你既擅長這些任務，又可以因為它們而感到滿足。如果你很渴望學習和成長，你會很高興看到「擅長度低／自我實現程度高」的方格中也有幾件事。如

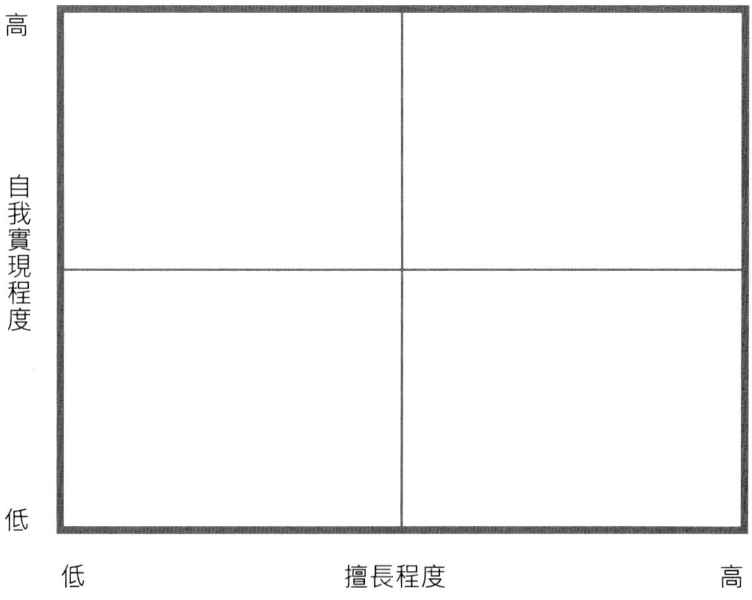

果你是一般人，應該會在對角的「擅長度高／自我實現程度低」的方格中也找到幾件事。

**你會怎麼回答「放大問題」——你最棒的部分是什麼？**

### 想要更深入一點嗎？

請參考〈認識你所擁有〉單元（第一八一頁）的「原型」、「自吹自擂的朋友」這兩個練習來深化你的答案。

▼

請到 BestPossibleRelationship.com 網站或掃描 QR code 下載模板，幫助你回答五大問題，為基石對話做好準備，並獲取更多資源。

# 穩定問題：你的做法和偏好是什麼？

我在接受播客採訪時，偶爾會被要求分享一本最喜歡的書。我的首選是比爾・布萊森（Bill Bryson）的《萬物簡史》（A Short History of Nearly Everything）。如果你覺得高中課堂吸走了科學的所有樂趣，那麼這本書會讓你重獲新生。布萊森不僅讓科學變得迷人，也讓我們所生存的世界變得更加神奇，非凡無比。

他在前面的章節解釋要發生多少事才能讓我們二十一世紀的生活成真。他以我們的月球為例。相對於我們所處星球的大小，我們有一個大得離譜的月亮。作為比較，請查看木衛一、木衛二、木衛三以及木星其他七十顆衛星的大小，它們都非常小。

「所以呢？」你可能會這樣問。

月球的大小使地球不會在其軸上過於不穩定地擺動。這創造了一致且可預測的季節。這意味著我們不僅可以規劃美好的暑假計畫，更重要的是，我們可以耕種土地、種植糧食。春天種麥，夏有草莓，秋有蘋果。

農作物的一致性循環使文明得以開始和繁榮。現在，有超過百分之五十的人類生活在城市裡，我們的進步（包括光明與黑暗）就是根植於這種踏實根基感。換句話說，地球上可能存在生命，但如果沒有月球在過去數十億年中為穩定地球所做的堅實工作，你現在就不可能讀到這本書。

## 穩定的軸

你個人也有一個穩定的軸，保持著穩定的節拍。別誤會我的意思：你的某些部分是不穩定和隨機的，但在某些方面，你是完全可以預測並且始終如一的。你在自己習慣的路線上前進。

基石對話的第二個問題要求你明確指出這些路線：**你的做法和偏好是什麼？**

## 穩定問題的力量

隨著時間的推移，你已經發展並完善了自己的工作方式。你知道一些做法。那些做法對你來說是常識，但對其他人來說可能很奇怪、甚至可能令人費解。還有其他一些做法是你沒有看到的，因為它們是無意識的，而且你從來被要求要明白說出來。

最佳可能工作關係不一定能適應配合你偏好的每一種互動方式，但了解你的偏好並分享它們，意味著讓雙方看到彼此有哪些做法是一致的，又有哪些不同而且可能導致衝突。你還會看到雙方可以如何容納各自喜歡的不同工作方式。

## 【核心練習】
## 深度「閱讀我」

與他人建立工作關係的一種常見方法是「閱讀我」文件。這個想法是：你填寫你的做事方式，然後發送給其他人，如同組裝說明書一樣：「如果我是一個IKEA的書架，那麼就請這樣組裝我，讓我可以最大限度地減少晃動和最大程度地呈現北歐美學。」

這是一個很好的開始。告訴人們你是晨型人還是夜貓子，你什麼時候會回應、什麼時候不回應溝通訊息，你喜歡使用團體溝通平台還是電子郵件，你喜歡如何收到回饋等等。

但也請注意「閱讀我」文件的限制。首先，這裡面全都是我我我。「我喜歡這個，我想要那個，我期待另一個。」其次，這似乎假設：只要高調地告訴別人自己的模式和偏好，你就完成了工作。但這不太可能。閱讀這些文件的少數人很少會記得其中的大部分內容。這就是為什麼我們要使用「閱讀我」文件的結構來準備對話交流。

針對本練習，請列出你的偏好。以下是特別需要明確寫出的九件事：

- 你叫什麼名字？你不叫什麼名字？還有哪些關於身分的其他敘述（如果有的話）對你來說很重要？
- 你是外向的人還是內向的人？這對你來說意味著什麼？這在你的工作中如何展現？
- 你在一天中的什麼時間工作效能最好？
- 你有哪些溝通怪癖？溝通管道的偏好？慣用的縮寫？回應或不回應的模式為何？
- 你認為好的會議是什麼樣的？不好的會議又是什麼樣的？
- 哪些回饋對你最有幫助？你喜歡回饋如何呈現？
- 你如何管理最後期限和里程碑？你的工作是否始終如一，還是往往在最後倉促進行？

- 你是從大局開始再關注細節，還是反過來呢？
- 哪些看似微不足道的事情會讓你抓狂？

**你會怎麼回答「穩定問題」——你的做法和偏好是什麼？**

### 想要更深入一點嗎？

請參考〈認識你所擁有〉（第一八一頁）「你的工作習慣是從哪裡學到的？」以及「打造你的專屬光譜」這兩個練習來深化你的答案。

請到 BestPossibleRelationship.com 網站或掃描 QR code 下載模板，幫助你回答五大問題，為基石對話做好準備，並獲取更多資源。

# 好約會問題：你能從過去成功的關係中學到什麼？

作為「內容創作」世界中的一個小小參與者，我必須學習在工作室拍攝影片的訣竅。幸運如我，最早的合作者和導師之一馬克．鮑登（Mark Bowden）是導演和電影演員：《魔戒》電影中獸人將軍的所有特寫鏡頭都是馬克化了濃妝拍攝的。

馬克和我共同創建培訓計畫的三十多支影片，每一支都有不同的設定。當你做出這樣的設計決定時，就會明白為什麼電影拍攝需要這麼多人。有很多東西需要安排、重新安排、二度重新安排……然後進行微調。

最棘手的似乎是燈光。我們許多人都有參與因疫情而誕生的速成課程，學習如何在Zoom線上會議軟體中看起來不那麼慘白。但出動三台或四台攝影機拍攝則完全是另一個等級。主燈、聚光燈、背光、需要陰影的、不需要光線的地方。人們總是在調整，向左或向右稍微移動一些東西，上下調節亮度，添加和刪減濾鏡。

## 閃耀

但當你和燈光大師一起工作時，結果就很神奇。不管人才站在哪裡，他們都會被燈光烘托展現出最好的一面。他們閃閃發光。你也有過在工作關係中表現出色的時刻。你不能把這歸因於一盞好的環形燈、一層粉底和某種巧妙塗抹的髮膠。這就是為什麼基石對話的第三個問題鼓勵你分享過去成功經驗的故事以及洞察：你可以從過去成功的關係中學到什麼？

## 好約會問題的力量

回想一下你過去最喜歡的工作關係之一——老闆、直接下屬、同事、供應商或與其他人，與他們相處的經驗明顯優於其他人的那些。你感到被看見、被理解，在挑戰和支持間有適當的平衡。你找到了聯繫和協調，你完成了出色的工作成果。他們帶出你最好的一面，而你也為他們做了同樣的事情。

事實上，這感覺非常容易。你們關係友好，事情進展順利。當出現小問題時，似乎就沒什麼不大了：你們之間可以找到解決方法。如果有什麼狀況的話，管理那樣的壓力反而會加強彼此的關係，而不是摧毀關係。

這可能有一半是運氣，一半是時機，一半是雙方都做了努力。但因為某些原因，你讓彼此間的「燈光」是正確的。這樣的成功可以為你帶來智慧，請充分挖掘出它的價值，釐清你是如何做到的。

## 【核心訓練】
## 你是如何打造它的？

我們通常不善於準確分配成功的責任。所謂的自利性偏差（self-serving cognitive bias）意味著我們在有效的事情上給予自己的權重超過實際角色，還會把不成功的事情更大程度地歸咎於對方。

因此，請從表揚對方在這段成功關係中所扮演的角色開始，進行如下的練習：

- 他們說了什麼（以及沒有說什麼）？哪些話語產生了影響？
- 他們做了什麼（以及沒有做什麼）？哪些行為提升和滋養了這種關係？
- 他們是什麼樣的存在狀態？他們表現出哪些特質，為彼此的好關係有所加分？

你已經給了他們應有的榮譽，接著，接受屬於你自己的功勞吧。此處請不要太謙虛。雙方關係之所以如此良好，有一部分原因當然是要歸功於你的表現。

- 你說了什麼（以及沒有說什麼）？你用了哪些恰如其分的措詞？
- 你做了什麼（以及沒有做什麼）？哪些大大小小的行動對這段關係有加分作用？
- 你的存在狀態是什麼樣的？你是如何表現，得以幫助雙方展現最好的一面？

我們常常低估成功的背景。成功的發生不僅僅是因為你和合作對象，時間和地點也有助於事情順利進行。關於這部分，你注意到什麼？

- 什麼樣的背景脈絡為這段關係提供了發展的最佳機會？還有誰也在其中扮演重要角色？
- 哪個時刻對你們的關係產生考驗，而你成功應對了這項考驗？這為你帶來什麼啟示？

你會怎麼回答「好約會問題」——你能從過去成功的關係中學到什麼？

**想要更深入一點嗎？**

請參考〈認識你所擁有〉（第一八一頁）「他們如何愛你」、「捉迷藏」這兩個練習來深化你的答案。

請到 BestPossibleRelationship.com 網站或掃描 QR code 下載模板，幫助你回答五大問題，為基石對話做好準備，並獲取更多資源。

# 壞約會問題：
# 你能從過去挫敗的關係中學到什麼？

網飛（Netflix）影集《怪奇物語》（Stranger Things）不僅帶來了顛倒世界以及隨之而來的恐怖，也讓《龍與地下城》對於新一代來說感覺很酷。我是老一代，從十幾歲的時候就開始玩《龍與地下城》，我和朋友們會整個週末玩遊戲，偶爾休息一下在後院打板球。

當《龍與地下城》錦標賽來到鎮上時，我們參加了比賽並進行了殺戮（字面上和隱喻上的的意義）。我們的團隊勢不可擋，每次射出一支箭時，殺死的不是一個獸人，而是三個。當我們需要擲出一百分（百分之一的機會）時，就真的辦到了，我們還解鎖了大祕密，獲得最後勝利。那真是一段輝煌歷史啊。

十二個月後，錦標賽再次舉行。那一年以來，我們平常都沒在玩遊戲——功課的壓力、試圖找到約會對象等等，但我們仍然保持著前一年戰績帶來的昂揚鬥志。

這是一次完全不同的經驗。這次的地下城主不像之前遇到的那麼容易搞定。我們從一開始就很糟糕（前四分鐘遭到伏擊，造成重大損失），在拐角處搖搖晃晃地被立方體凝膠怪擊傷，最後在布滿陷阱的石板發射雷雨般的十字弓箭時喪命。我們只打了十八分鐘就出局了。

## 糟糕的開始，然後一路往下

稍感安慰的是，至少我們在《龍與地下城》死得很快。然而，某些工作關係則不然。你知道事情如何進展。你滿懷希望地到來，很高興能與對方一起走上這條路。但由於某種原因，一開始就很糟糕，然後隨著時間的推移，變得越來越混亂、困難、令人困惑和滿心挫敗。

過去的那些慘痛經驗，在此時成了豐富的智慧泉源。它們向你展示你需要什麼條件才能蓬勃發展，以及更有意思的——你的哪些不良行為會破壞損及人際關係。這就是為什麼基石對話中的第四個問題是第三個問題的反面：你可以從過去挫敗的關係中學到什麼？

## 壞約會問題的力量

你可以在基石對話中分享的最具價值「情報」，是過去一直有困難的工作關係細節。人的本能是會想掩蓋這些，或將混亂歸咎於對方，但這樣做是錯誤的。沒錯，另一個人也扮演了其中一個角色，但你自己也是那動態的一部分。

這種經驗可能讓人感覺非常個人化和獨特，事實也確實如此。但這也同時呈現了一種重複的模式。你發現的細節將為這次可能想要避免，或至少主動管理的動態提供線索。「傷口裡藏有智慧」。檢視你的行為、對方的行為和情況，看看你能從過去的困難經驗中學到什麼。

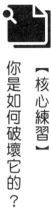

## 【核心練習】
## 你是如何破壞它的？

這是上一章「你是如何建構它」的另一個自我練習。在那個練習中，我們先問對方做了什麼、然後自己做了什麼，來抵消人們對「好事過度歸功於自己」的傾向。現在，為了管理相反的另一種偏見——當事情變壞時，把更多責任歸咎於他人而不是自己——讓我們從你開始，先認領你在這個混亂經驗中所貢獻的那一份。

- 你說了什麼（以及沒有說什麼）？哪些言語和沉默造成了傷害？
- 你做了什麼（以及沒有做什麼）？哪些大大小小的行為破壞了良好的意願？
- 你是怎樣存在的？你是如何以一種破壞動態的方式出現的？

但不只有你讓事情變得困難。不要承擔所有的責任。對方又是如何造成這些混亂的？

- 他們說了什麼（以及沒有說什麼）？是什麼讓你生氣、沮喪或難過？
- 他們做了什麼（以及沒有做什麼）？哪些行動使事情不進反退？
- 他們是怎樣存在的？坦白說，他們表現出的哪些特質是很糟糕的？

最後，不只是你和他們。時間和地點總是會影響發生的事情。關於整體的情境脈絡，你注意到什麼？

- 造成這種可能性的背景脈絡是什麼？還有哪些人也扮演了一個角色（也在其中造成影響）？
- 哪一個時刻考驗了你們的關係，那種你無法駕馭並特別具有破壞性的時刻？那給你什麼啟示？

你會如何回答「壞約會問題」——你能從過去挫敗的關係中學到什麼？

### 想要更深入一點嗎？

請參考〈認識你所擁有〉（第一八一頁）「人們對你有哪些誤解？」以及「認領你的惡棍角色」這兩個練習來深化你的答案。

請到 BestPossibleRelationship.com 網站或掃描 QR code 下載模板，幫助你回答五大問題，為基石對話做好準備，並獲取更多資源。

# 修復問題：

# 當事情出錯時，你會如何解決？

我曾看過一段關於二零一一年襲擊日本的東北地震和海嘯影片，非常可怕且令人迷惑。我以為海嘯可能類似葛飾北齋著名的木刻版畫〈神奈川沖浪裏〉一樣：一條高聳的、布滿泡沫的弧線。但事實並非如此。在影片中，水似乎在河岸之間緩慢上升。幾輛汽車在港口圍牆旁的路上來來回回移動。兩分鐘後，一艘船——一艘大船——從繫泊處被扯下來並被沖走。突然，你感受到了一股力量正在運作。六分鐘後，水從牆壁上爆炸，造成立即的破壞。汽車被壓碎，基礎設施被催毀，建築物從地基上被拔起。

日本正好處於斷層線上。數百年前的潮汐歷史被刻畫在東北海岸隨處可見的海嘯石上。它們記錄了特別具有破壞性的海嘯高點，並銘刻了那一代人民關於什麼是安全、什麼可能不安全的記憶。一九九三年，不到四十年內的第二次海嘯襲擊了姉吉村（Aneyoshi）。那裡的石碑上寫著：「高居才能帶來後代子孫安寧。請記住大海嘯的災難。不要在這個點以下建造任何房屋。」

## 庇護所

要是真能多一點安寧就好了，但災難還是會不斷發生。每一種工作關係都會有危機或掙扎的時刻。總會有某件事在某個地方出問題。這是完全可以預見的，但要對此採取行動卻很困難。我們常常讓情況惡化。這就是為什麼基石對話的最後一個問題如此令人鼓舞和解放：當事情出錯時，你將如何解決它？

## 修復問題的力量

毫無疑問的，這個提問的尷尬與難以回答程度，跟「壞約會問題」不相上下。不過，知道以下這一點可能會有點幫助：你對此題的答案只是「第二重要」的事情；最重要的是大家都體認到事情可能破局。在基石對話中準備回答這個問題，是在進行預演，當事情有點不對勁，或者當你感到失望或造成損害時，可以直言不諱地說出來。

這裡有個風險：其他人可能看不到哪裡被破壞了。我們都害怕「蛤？你在說什麼？」這種回應。兒童電視節目主持人羅傑斯先生說[1]：「任何與人有關的東西都是可以提出來的，而可以提出來的事情更能被管理。」了解關係可能會被破壞，並在發生之前談論它，這樣就能更妥善地留意到它何時出現問題，並由雙方一起來修復。

1 Fred Rogers，是美國電視節目主持人、作家、製片人及牧師，主持長達三十多年的兒童節目《羅傑斯先生的鄰居》為美國知名度最高的兒童節目之一，傳達的正面訊息影響無數孩子與家庭。

## 【核心練習】橋接

一九九零年代初期歐盟剛成立時，成員國數量比現在少很多。所謂的「內六國」（核心六國）比利時、法國、義大利、盧森堡、荷蘭和西德面臨的眾多挑戰之一，是如何合併其貨幣。他們需要確定新的歐元紙幣會是什麼樣子。什麼樣的設計會是統一而不是分裂的；是代表集體的而非民族主義？

答案是橋梁。一陣小插曲之後——橋梁迷們指出，最初提出的「想像」設計幾乎都是基於真實的橋梁——最終的設計展示了不同時代、七種不同風格的橋梁：石拱橋、鐵跨橋、索橋等等。

工作關係受到破壞，讓我們彼此疏遠。修復的方法之一，就是建立橋梁，重新恢復連結。要做到這一點需要勇氣和技巧。要做首先開始修復的那個人，通常需要慷慨、立場態度柔軟，並致力於更大格局。

在這個練習中，請回想那些你已經改善的人際關係。你使用了什麼策略？那些可能會在所謂的激烈戰鬥中部署，也可能會在戰後使用。

我知道這些並不總是可用的。畢竟，即使是衝突調解者也會陷入爭論。然而，在你最好的情況下，你傾向於借鑑哪些？你能做到以下幾點嗎？

- 說出正在發生的事情：讓未說出口的事情浮出檯面；說出你正在發生的事情。
- 保持好奇心：深呼吸，而非立即反應；繼續保持開放；檢查你的防備心和自認為正確的姿態。請記住，對方也是人。
- 記住目標：瞭解「獲勝」的真正意涵；堅持最佳可能工作關係的理念；放棄堅持「自己是對的」。
- 尋求理解：充分傾聽，讓他們感覺自己被傾聽；將「事實和數據」與「觀點和判斷」分開來。
- 緩和氣氛：帶入輕鬆優雅的風度；承認自己的部分（少說「你做

了……」，多說「我認為……」）；降低緊張強度。

- 重建：踏出重新連接的第一步；重新建構溝通模式，避免「你 vs. 我」的對立；道歉。

確認和分享你用於搭橋的策略，可以幫助人們了解何時該搭橋。

你會如何回答「修復問題」——當事情出錯時，你會如何解決？

### 想要更深入一點嗎？

請參考〈認識你所擁有〉（第一八一頁）「那是雪茄嗎？」、「描繪你的壓力反應模式」這兩個練習來深化你的答案。

請到 BestPossibleRelationship.com 網站或掃描 QR code 下載模板，幫助你回答五大問題，為基石對話做好準備，並獲取更多資源。

嗨，我是麥可，這本書的作者。

是的，這本書的內容是由我的血、汗、眼淚交織而成的。

如果你讀得開心、有所收穫，是否願意考慮在你偏好的線上圖書零售網站或閱讀社群留下書評？對本書正向評價的「社會認同」有助於讓它持續流傳於世。如果你沒有被這本書感動到，也不用擔心喔。

BestPossibleRelationship.com #最佳可能關係

發聲是有魔力的。詞句確實有力量。名字有力量。
詞句就是事件，它們帶來作爲、帶來改變。
它們同時改變說者和聽者。

——娥蘇拉・勒瑰恩（URSULA KLE GUIN）

Part 2.

# 如何進行一場基石對話

安全地開始，
過程中確保其效用，
最後來個強而有力的結束

# 開展基石對話

我的第一次基石對話是在公共汽車上，那時我還不知道自己在做什麼，也不知道為什麼會那樣做。我和一位女性朋友（後來成為我的妻子）坐車前往亞芬河畔斯特拉福，欣賞莎士比亞的戲。不吉利的是，那天看的戲是《冬天的故事》。戲中的一個角色被一隻熊追趕而下場，不太算是幸福關係大結局的榜樣。

我們花了幾週就確定彼此關係，這讓我們雙方都非常驚訝。我們分別來到英國進行碩士研究，並沒有打算很快墜入戀愛關係。但不知何故，我們在這裡，蜿蜒穿過狹窄的街道，不知不覺對這段關係認真起來。我們討論了對孩子、忠誠、金錢和一堆其他「是或否」話題的期望。我不認為我提過「我會在所有書裡都提到你」（這很可能會壞事），但我們似乎已經涵蓋了所有其他重要的事情。那就是一切都發生改變的時刻。

基石對話是最佳可能關係開始建立的地方。

## 一個計畫

下一節列出了基石對話的架構。我和妻子很幸運：我們一起被困在後座，找到了進行這場對話的空間。但大多數時候，除非你深吸一口氣並讓它發生，否則什麼都不會發生。

對話的未知性可能會讓你癱瘓。該如何發出邀請？如何開始？過程是怎樣的？最後如何結束？所有這些都會在接下來的篇幅中介紹。你會注意到在語氣上的些微變化。在這個階段，你不需要大原則，而是需要指導手冊和話術腳本。這就是為什麼我會設計兩個標題：「請你這樣做」和「請你這樣說」。當然，「請你這樣做」的意思是找到你自己的方式將其付諸實踐。「請你這樣說」意味你可以完全按照此處所寫的文字來說，或者自行依實際情況變化。這些提示是為了讓你更容易開始。你可以選擇感覺最自然的那些，並根據自己的喜好進行調整。

這一切都不會發生——
除非你深深吸一口氣，讓它眞的發生。

你可能會想：「這個基石對話不會很奇怪／尷尬／困難嗎？」答案是肯定的。當然，一開始的前幾次會感到不舒服、不尋常和十分脆弱。這本書的目的就是為了讓這些對話「稍微不那麼奇怪」。

更重要的是，在基石對話中感到尷尬是正常的，這不是你、他們或過程有什麼失敗。你們正在共同創造一些重要而罕見的東西，一種最佳可能的關係。你們正在尋找一種新的合作方式並塑造不同的未來。你正在改變成功的基礎。如果它沒有一點複雜和具有挑戰性，那才真的令人驚訝呢。

但你仍在讀著這本書，所以我猜你已經了解了它的力量和重要性……我感覺你已經做好準備要進行這場探險了。

那麼，就請繼續往下閱讀吧。

請到 BestPossibleRelationship.com 或掃描 QR code，瀏覽我的基石對話示範影片。

# 邀請：踏出第一步

我還記得第一次參加學校舞會的情景。那就像《哈利波特與火盃的考驗》（Harry Potter and the Goblet of Fire）中的場景一樣，每個人都在學習華爾滋，為聖誕舞會做準備。男孩們在房間的一側大汗淋漓；女孩們對著對方翻白眼。

七〇年代的托倫斯小學那裡沒有什麼魔杖，但除此之外都一模一樣。一、模、一、樣。我真的真的真的不想穿過房間邀請寶琳．韋德跳舞，但總要有人踏出第一步，而基石對話就像是大多數人都不熟悉的舞蹈。如果你希望人們會主動發起它，你可能會失望。

請成為那個發起的人吧。

## 請你這樣做

### 1. 邀請對方參加基石對話

基石對話在一開始會很尷尬，而且永遠不會自然而然地就出現進行這種對話的「好時機」——這個事實會給你很大的自由，讓你非常合乎邏輯地推斷出：那也從來沒有進行這類對話的不佳時機（嗯，幾乎從來沒有啦）。無論處於工作關係的哪個階段，都可以考慮暫停當前的行動，邀請其他人來場基石對話。

你可以在第一次見面之前提出要求。當你開始建立重要的長期工作關係時，這是一個很好的做法。你也可以邀請所屬團隊中的某位成員或某個重要客戶一起進行。

你可以在已經開始並且進展順利的工作關係中提出邀請；也可以在一段已經有點走調、而你想要重新啟動的工作關係中提出這個建議。當然，也可以在一段感覺陷入困境和破裂的關係中提出這樣的要求。

然而，在作家阿曼達．瑞普立（Amanda Ripley）所稱的「高衝突」（high conflict）之時，建議進行基石對話可能不能發揮作用。在這樣的時候，更緊迫的工作是緩和危機、修復損壞的部分、在必要時尋求額外支持，並使事情重回正軌。但在損害修復後不久就提出基石對話的邀請則是個好主意，藉此作為顛覆可能落入重複窠臼模式的解方。

## 2. 告訴他們談話的內容

你是否曾經收到老闆的電子郵件，讓你的焦慮程度飆升；或是以其他形式收到類似「請來見我，我要給你一些回饋」的訊息？不要成為那個邀請他人參加「聽來像是麻煩的神祕會議」的人。

親自或以書面形式解釋什麼是基石對話，並說明對話的目的是為雙方提供「建立成功工作關係」的最佳機會。

分享你自己將如何準備對話。給對方五個問題。告訴他們你會花一些時間準備這場對話，並建議他們也這樣做。向他們送上這本書或一些重點頁面。將我的基石對話示範影片轉發給他們。

邀請他們決定部分細節，例如對話的時間和地點。

## 請你這樣說——你的話術工具包

以下這些只是提示。選擇對你來說最自然、最有幫助的內容，然後根據自己的喜好進行調整。

- 我希望我們能談談如何一起工作。
- 我很樂意花時間與你一起釐清，如何才能使這段關係成為最佳可能工作關係。
- 我們能否進行基石對話，討論「如何」一起工作，而不是專注於要「做什麼」？這樣的對話將為我們提供絕佳機會來釐清什麼是有效的、避免無效的，並修復問題。
- 在討論我們正在做什麼之前，讓我們先討論一下接下來要如何合作。
- 在我們回到需要做什麼／專案／優先事項之前，讓我們先談談如何合作會更好。

- 我想談談我們如何發揮雙方最好的一面，想要避免哪些事情，以及如何保持這種關係處於最佳狀態，就算工作很有挑戰性。
- 以下是我希望我們討論的五個主要問題。我一直在思考我的答案，我也想確保雙方都有機會提出並回答這些問題：

1. 您最棒的部分是什麼？
2. 您在工作上的做法和偏好是什麼？
3. 我們可以從過去成功的工作關係中學到什麼？
4. 我們可以從過去挫敗的工作關係中學到什麼？
5. 當事情出錯時，我們該如何解決？

▼ 請到 BestPossibleRelationship.com 或掃描 QR code，瀏覽我的基石對話示範影片。

# 對話初始：確保安全

人類是這個星球上的新手。烏龜已經進化了大約兩億年。鴨嘴獸，一．一億年。沙丘鶴，一千萬年。人類自以為很了不起，因為我們已經有這麼久的歷史……好吧，這取決於你問的是誰，但假設人類有五十萬年左右的歷史，以專家所說的「行為現代性」來說，還不到這其中的一半。

讓我們活下去的一件事是生存問題：這危險嗎？我們擁有祖先「避免錯誤，謹慎行事」的DNA。那些進入陰暗洞穴的人呢？他們活得不夠久到成為我們的祖先。

我在《你是來帶人，不是幫部屬做事：少給建議，問對問題，運用教練式領導打造高績效團隊》這本書中介紹了TERA，這個模型可以用來解釋參與投入度的神經科學。有四種驅動力讓大腦感到安全：Tribe 族群（「你支持我，還是反對我？」）、Expectation 期望（「我知道未來會怎樣，還是不知道？」）、Rank 地位（「你比我更重要還是不如我重要？」）和 Autonomy 自主權（「我有沒有發言權？」）。任何有關 TERA 商數的經驗越多，人們就會感到越安全，也會更投入。

在無意識的層面上，大腦每秒使用五次 TERA 標準來掃描環境並回答這個問題：安全嗎？安全嗎？安全嗎？安全嗎？安全嗎？

基石對話因為不同尋常，感覺很激進，而且因為它會邀請大家坦誠敞開，所以會讓每個人的「蜥蜴大腦」感到危險，這是大腦中管理「戰鬥」、「逃跑」或「修復」的最原始部分。因此，請盡一切努力使基石對話不那麼奇怪，並且讓它是場安全的對話。

## 請你這樣做

### 1. 增加 TERA 商數

在基石對話期間積極管理「族群」感、維持「期望」的清晰度、巧用「地位」和營造「自主權」的感受，盡可能維持最高的 TERA 商數。以下是實現上述目標的一些基本方法：

- 對話的地點（無論是正式的或非正式的；無論是在「你的」空間或「他們的」空間，或其他中立的地方）
- 你有多好奇（問問題；在他們第一次回答之後追問「還有其他的嗎？」）
- 你自己的分享和敞開程度（我的經驗法則是，你也要回答自己向對方提出的每一個問題，分享混亂和困難的事情，而不僅僅是閃亮和美好的事情）
- 你與對方共同創造對話的程度（詢問他們想問什麼；確認是否有什麼需要說但尚未說的）

回到邀請階段，你可以設定最佳關係的共同目標（族群），藉此立即增加TERA商數；告訴對方，你希望涵蓋哪些部分（期望）；讓他們放心知道你也會分享自己的狀況（地位）；並讓他們選擇何時何地進行對話（自主權）。

## 2. 成為房間裡最強的訊號

由於大腦的鏡像神經元，我們不斷且即時地受到與我們互動之人的影響。我們的情緒具有傳染性：無論我們感受到並體現出快樂、自信或焦慮，他們也可能會感受到。

我的朋友「獸人將軍」馬克．鮑登（你可能還記得他），教會我成為「房間裡最強訊號」來塑造任何體驗的威力有多強。甘地說（至少根據 Instagram 的資訊來源是如此）：「成為你想看到的改變。」請帶頭建立基石對話的情感體驗。你大腦的某一部分會促使你默認焦慮、難以捉摸和防禦性。這是很自然的，你可以克服它。你想在這次交流中注入什麼樣的「情緒」？以我而言，我總是追求注入慷慨、好奇、坦誠和愉快，而你也會有自己想注入的元素。

因為身體會引導大腦，所以我學會控制肢體，讓它向我（以及其他人）發出「我正在努力追求的那種狀態」的信號。我刻意微笑，點頭，盡可能地大笑，把腳放在地板上，雙手張開。我保持呼吸並保持好奇。

## 請你這樣說——你的話術工具包

以下這些只是提示。請選擇對你來說最自然、最有幫助的內容，並根據自己的喜好進行調整。

- 感謝您與我進行這次談話，這對我來說意義重大。（族群）
- 您想從這次談話中得到什麼？這場對話怎樣會對你最有幫助？以下是我想要的。（族群、自主權）
- 我想談五件事：我們各自最擅長的是什麼、我們一般的工作模式、怎麼樣能夠建立良好的工作關係、當事情變壞時會發生什麼以及在必要時如何解決問題（你已在邀請階段與他們溝通過這一點，但此刻的目的是在釐清對話涵蓋重點議程）。（期望）
- 您想從哪裡開始？（地位、自主權）
- 這是我希望我們回答的第一個問題。（族群、期望）

- 您想先回答這個問題，還是我先回答？（地位、自主權）
- 到目前為止有什麼幫助？（地位、自主權）
- 對，嗯嗯，不錯，嗯嗯，好的，好，當然，是的，很棒（這些小小的鼓勵詞看似毫無意義，但能為對話注入鼓勵、好奇和連結）。（族群）

請到 BestPossibleRelationship.com 或掃描 QR code 瀏覽影片，更進一步瞭解 TERA。

# 對話過程中：提問與回答

從新冠疫情爆發以來，我一直在嘗試舉辦與平常不同的對話。我開始上網。包括我在內的五個人會透過 Zoom 會議軟體共處一小時，在簡短的介紹後進入核心：每個人都回答一個個引發思考的問題。我會在前一天發送這個問題，鼓勵自我覺察與自我揭露。「你正在什麼樣的十字路口？」、「你一直需要吸取教訓的是什麼？」、「你需要犧牲什麼才能繼續前進？」非常刺激有趣。

最近，我在晚餐時進行了這些對話。在這個版本中，我和另外兩個人分享關於自己的兩件重要事情，以此作為自我介紹，然後每個人從五個問題清單中選擇一題，這些問題與上面的問題類似。

這些問題很棒，但真正的魔力在於人們被給予空間來回答問題，而無需在此時解決、決定、修復或採取任何行動。以網路版對話為例，對話的規則是每個人有六分鐘的發言時間，其他人不能打斷。不只一個人表示，他們不記得什麼時候曾說過這麼久的話不被打斷，而且還被他人如此專注地傾聽。

沒有事情需要在此時被解決、決定或修復。

基石對話與上述這兩種形式的對話屬於同一家族。沒有什麼需要解決的，你在分享有用、真實且真誠的訊息。你在專心聆聽並尋求理解。

我在《你是來帶人，不是幫部屬做事》書中提到的咒語是「保持好奇心的時間長一點，急於採取行動給建議的速度慢一點」。此處也是一樣。

## 請你這樣做

### 1. 不要跳過困難的事情

在基石對話中回答所有五個問題。你不談論的事情，就會變成永遠難以談論的話題。即使詢問有關特定主題的單一問題或給出簡短答案，也將有助於建立你的最佳可能工作關係。

你可能會想到跳過最後兩個問題，因為那是關於工作中無效或沒有發揮作用的部分。為什麼要揭瘡疤？為什麼要想像最壞的情況呢？因為如果你都只談好的部分，那麼在遭遇困難之時，你既沒有智慧、也沒有韌性。大多數工作關係並不是災難性的，但每種工作關係都有一些傷害、誤解和挫折。

請記住，成功的基石對話不僅僅是當下回答了什麼答案。它也允許了彼此持續談論事情的進展情況，以及足夠安全讓雙方提出困難主題來討論。之所以要提前準備的部分原因，就是為了知道自己想說什麼。別讓你的緊張在此刻破壞了對話！

## 2. 提問與回答

如果你掌握權力的平衡——你是老闆、職位更高、負責付帳單，或者其他——你很可能會提出問題，但自己避而不答。彼得．布洛克（Peter Block）是最先向我介紹展開對話討論「如何一起工作」這種想法的人，他將這種交流稱為「社會契約」。契約是一種價值的相互交換。沒有給予和索取，就不是契約。詢問對方「想要如何工作」已是強而有力的行為，但這不能稱得上是基石對話——除非你也回答同樣的問題。

## 請你這樣說——你的話術工具包

以下這些只是提示。選擇對你來說最自然、最有幫助的內容，然後根據自己的喜好進行調整。

- 我很好奇您對這一個題目的回答會是什麼樣呢？
- 還有其他的嗎？
- 關於這一題，我的答案是這樣的。
- 這是個很難回答的問題，但我認為如果我們都能做出回答，將會很有幫助。
- 有哪些需要說但還沒有說出來的？
- 聽起來很強大／有用／很有啟發性。

- 對，嗯嗯，不錯，嗯嗯，好的，好，當然，是的，很棒（我又重複提出這些，因為這些認可和鼓勵的表態是基石對話的潤滑劑）。

▼ 請到 BestPossibleRelationship.com 或掃描 QR code，瀏覽我的基石對話示範。

# 對話結束：欣賞肯定好的那一面

我們大腦的怪癖之一是特別喜歡開始和結束。初始效應（primacy effect，我們更容易記住最先發生的事情）和近因效應（recency effect，我們更容易記住最後發生的事情）是認知偏差，這樣的啟發因為丹尼爾・康納曼（Daniel Kahneman）在《快思慢想》（Thinking, Fast and Slow）書中提及而更加廣為人知。這就是為什麼音樂劇院中的開場和結束曲目如此重要。即使中間很軟調，但在最後有一支令人振奮的曲目，從字面上和隱喻上來說都以「高調」結束，那麼每個人都會帶著良好感受離開。

幾年前在波士頓，我和一些朋友去了藍調之家。那裡有一點形式化，你不會誤以為自己身在芝加哥的真正藍調俱樂部，但我很欣賞這個巧妙的設計：在演奏最後一首歌時，他們要觀眾站起來「感受氛圍」並提升能量。當這首歌結束的時候，我們的心都亢奮不已……他們很順理成章地把我們送出場，以便把空間清出來給下一場的客人入座。現在，我在主持培訓課程或主題演講時，也經常設計讓觀眾在最後站起來，但不是為了清出座位，而是為了讓觀眾起立鼓掌，讓活動在高亢情緒中劃下句點。

太多重要的談話都在抱怨中結束。即使你在過程中能量充沛，表現得勇敢、坦誠直率，也涵蓋了重要的內容，如果能在最後以積極樂觀的節奏結束基石對話，將會大大增加這場對話的影響力。

## 請你這樣做

### 1. 分享學習成果

樹立先例，讓與你的每次談話都是學習的談話。問問「這裡的哪些部分對您來說最有幫助？」當你也回答這個問題時，等於做了三件事。首先，你具體表達什麼對你最有幫助。透過指明並大聲說出來，你可以加強大腦中的連接，讓那最有用的部分更加難忘和珍貴。其次，你向對方提供了「什麼方式是最有效的」這一回饋。他們會知道下一次對話該多做什麼（或少做什麼）。最後，你確認這實際上是一次有用的對話，今後也將持續進行類似這樣有用且有價值的對話。

### 2. 肯定感謝這場對話

你們雙方都在這樣的談話中承擔了風險，也都表達了對建立最佳可能工作關係的承諾。這可不是小事！你們已經開始建立一種安全、有生機且可修復的工作關係了！慶祝一下，並且對此表達感謝與肯定。

## 請你這樣說——你的話術工具包

以下這些只是提示。請選擇對你來說最自然、最有幫助的內容，並根據自己的喜好進行調整。

- 謝謝，這真的很有幫助。我對未來感到非常興奮！
- 什麼對您最有用或最有幫助？

- 對我來說是最有價值的是這些……
- 什麼是您現在知道而以前不知道的？
- 我正在慶祝（請加入對你來說正確的內容）。
- 我很肯定感謝（請加入對你來說正確的內容）。

請到 BestPossibleRelationship.com 或掃描 QR code，瀏覽我的基石對話示範影片。

# 你已經有了一個很讚的開始

絕對不要低估透過這類基石對話可取得的美好開始。說真的，這是一件罕見而明智的事，不僅創造了空間和時間，而且還塑造了所需的好奇心和敞開坦誠性。

這是真的，即使你覺得進展不順利。我知道這是一個悖論，但無論對話是否有點奇怪，或者你沒有聽到或說出你認為的答案，又或者氣氛與你預期不同，你都贏了。你打開了通往最佳可能工作關係的入口。現在，彼此對於重要的事情有了共同的承諾，並且共同允許再次談論如何保持進展。你讓這段關係的安全性、生機和可修復性變得至關重要。

但請不要在此時停止。這不是可以一勞永逸的事。透過定期維護來致力讓這段最佳可能工作關係持續成功吧。

如果你說的是愛情，
那麼確實必須包括不確定性的因素
——也許最好將它視爲持續維護的藝術。

——崔拉．夏普（TWYLA THARP）

Part 3.

# 讓最佳可能關係持續存在

## 維護最佳可能關係的藝術與科學

# 碎裂無可避免

有「巴金詩人」（Bard of Barking）之稱的比利．布拉格（Billy Bragg）唱道：「昨晚我看到兩顆流星／我向它們許願，結果那是人造衛星。」距離他寫〈新英格蘭〉已有四十多年了，而空中的低地球軌道也變得更加繁忙。光是二零二一年就發射了約一千四百顆衛星。

太空那兒很擁擠；而哪裡擁擠、哪裡就有垃圾。你可能還記得電影《瓦力》(WALL-E) 中的場景：火箭衝破太空碎片的外殼，飛離地球。這就是皮克斯動畫中壯麗的凱斯勒效應（Kessler effect）：空間碎片導致更多的空間碎片，繼而形成級聯效應，產生像瀑布一般的空間碎片，而只需要一小塊舊的衛星碎片，以時速一萬五千哩（兩萬四千公里）呼嘯而過、撞上某物並打碎它，這種景象就會發生。

## 你，也在軌道上

你可能不會以超音速移動，但請想像自己與正在建立最佳可能關係的另一人一起在軌道上。你們在彼此身邊飛馳，獨立但又相互連結。此外，你不斷地因為簡單日常行為中的取捨而受到輕微的傷害。這裡一點輕微的叮噹聲，那裡有打嗝聲，輕微的小事爆發；還可能有更大規模的打擊。經歷日常生活而不會偶爾出現瘀青？那是不可能的。

這就是為什麼致力於維護關係是至關重要的。基石對話就是一個明智的開始，但如果沒有定期維護，事情就會惡化。請任選你喜歡的比喻吧：花園需要修剪和除草；引擎需要微調和新油；房屋需要清潔、偶爾需要補漆；軟體需要除錯。

接下來的幾頁將幫助你制定維護最佳關係的時程表。你會學到一些小動作，可以選擇經常執行；還有在某些狀況下必須要做的事情，以及其他更大、更困難的事來因應當下所需。

我們不會從一系列的戰術清單開始。我們將從塑造行為和表現方式的原則開始，這將支撐你所有的關係維護行動。

# 六大維護原則

快速跳入討論戰術的做法是很誘人的。看到「保證讓團隊成員愛你的七種方法（第五種會讓你大吃一驚！）」這類的標題，誰不會停下來，哪怕是一微秒？但只有當原則和脈絡結合時，有用的策略才會出現。對處於某類狀況下的某個人採取某種做法，你要帶入背景訊息，所以讓我提出六個原則，說明成功維護關係如何存在以及如何實施。

前三個原則是關於你在最佳可能關係的日常互動中所保持的心態，它們的共同基礎是需要你保持開放之心，而且是相當程度的開放。在壓力下，我們會本能地關閉自己、縮小自己，停留在安全地帶。這三個原則將幫助你管理和推翻一些內心深層的思路。

保持好奇。
保持敞開。
保持仁慈。
時時調整。
經常修復。
根據需要重啟。

## 保持好奇

無論你認為發生了什麼，你都錯了。不是完全錯，而是部分錯。當然，你看到了全景的一些部分，但無論如何都看不到全部。全心全意、真誠的好奇心可以驅散模糊或沮喪帶來的迷霧。好奇心可以幫助你更深入地了解情況，因為它能讓你以不同視角來看待事情。它可以幫助你透過更深入理解對方的情況，與對方產生真正的連結，並且更全面地了解自己如何導致眼前的挑戰。保持開放的態度。

## 保持敞開

對方也不完全知道發生了什麼事。這是他們的責任，也是你的責任。你不願透露一些東西：事實、觀點、感受以及你想要或需要的東西。其中有些是你明確知道的，另外一些則是耳語、半知半解，尚未完全被闡明的。「分享」對你們雙方來說都是有啟發性的。「直到我大聲說出來，才知道自己原來是這麼想／感覺的。」當然，「過度分享」可能會達不到目的——這剛好是出於自私原因保留訊息的反面。分享對建立最佳關係有用的內容。保持敞開大方態度。

## 保持仁慈

作家阿道斯・赫胥黎（Aldous Huxley）在離世前曾寫道：「令人汗顏的是，一生都在關注人類問題，卻在最後發現，能給的建議無非就是『嘗試仁慈一點。』」這項工作很困難，要完美地完成它幾乎是不可能的。你盡力而為，而他們可能也在努力。請採取正向的意圖，仁慈一些。請記住，你們雙方都致力於建立最佳可能關係，處於這種關係時，你可以對他們、也對自己都更仁慈一點。保持心胸開闊。

如果你能一直保持開放、敞開的態度，保持心胸開闊，就能為任何工作關係帶來美好的禮物。以上三個原則是最佳可能關係的基礎；而後面三個原則是涉及成功維護關係的節奏，分別是日常、定期和偶爾的干預措施，其中包括大大小小的各種行動。

## 時時調整

我不是水手，但此處似乎可以用船來描述管理關係的細微差別：假設你在開放水域駕著一艘小船，你需要避免重大災難——觸礁、海盜、被淹沒等等；你也需要充分利用各種條件。你輕敲舵柄、調整船帆以因應海浪和風向。這些都是微調，就像人際關係一樣。關係中的狀況隨時可能發生變化，你需要因應當下需要進行調整。

## 經常修復

我的父親是一名工程師，他知道如何錘擊、黏合和修復房屋周圍的各種小狀況，避免它們演變到損壞房屋的地步。我沒有繼承到任何技術，而且更加笨拙，所以在「修補自己」上頗有心得；此外，我在人生道路上也收集了不少傷疤。我學會一件事：受了傷一定要迅速處理。將傷口攤在光線下，因為陽光可以消毒。請了解是什麼使你受傷，並且盡快塗抹藥膏。

## 視需要重啟

我和另外四人同在一個策劃小組將近十五年。那是很長的一段時間。我們的祕密是，在三個不同情境下，有人曾指出這個團隊有點不積極、失去活力，大家開始有一搭沒一搭的，敷衍行事。這給了我們一個機會來積極重新啟動、改變和重新充電。當我們都未能做到這一點時，小組在某個壓力時刻下不幸解體了。能夠長存的最佳可能關係都需要一些重啟時刻，以確保它的安全和活力。

## 但是，行動之前請先確定方向

在採取最佳行動之前，了解到底發生了什麼會很有幫助。你的觀點當然重要，但那絕對不是事情的全貌。下一章將向各位展示，如何對當前展開的狀況有更細緻的了解。

# 定向：清楚掌握現在的情況

在谷歌時代，我們已經失去了老派地圖族的一些魔力和神祕感。現在，要前往某個地方，只需要一個應用程式就可辦到。我欣賞這種效率，但我也想念能看到更完整的全貌和可能目的地的那段時光。你能想像比爾博・巴金斯（Bilbo Baggins）在手機輸入「孤山」然後出發是什麼樣子嗎？[2]

當工作關係變得困難時，你可能會感到陷入困境，被正在發生的事情壓垮而感到不知所措；害怕那背後代表了什麼意涵；為發生的事情感到羞愧；因為對方做了一些令人失望的事情而對他們生氣，和／或出於同樣的原因對自己生氣；對自己感受到的不公平有種反常的快感。

你被「淹沒」了，你的視野從字面上和隱喻上來說都變窄了：似乎只有一種真理和一種存在方式（巧的是，那恰好是你的方式）。但如果你能退後一

2 托爾金小說中的主角，是中土大陸歷史裡首位能以自己的意志放棄魔戒的魔戒持有者。

步，更仔細地去理解現在正在發生的事，新的選擇就會出現。這就是為什麼美國空軍上校約翰・博伊德（John Boyd）的OODA循環—觀察、定向、決定、行動（Observe, Orient, Decide, Act）是談論衝突中自我管理時最長存的框架之一。在狀況最激烈的時候，請先觀察再行動。

這裡有兩個維護關係問題，可用於描繪情況、更完整地了解事情的全貌，指引你朝向任何必要的維護和修復行動。

## 1 事實是什麼？

馬歇爾・盧森堡（Marshall Rosenberg）和非暴力溝通機構（Nonviolent Communication）提供了一個具有威力的模型，幫助你理解，自己所認為的真相為何不一定是真相。當你注意到自己的大腦和內心發生漩渦時，可以透過梳理動態並將它們分為四個部分，藉此對真實情況有更冷靜和更細緻的理解。

第一個是事實（data）。這些是你可以指出並說「這是真的，就是這件事，這已經發生了」，可以被法庭視為證據接受的那種。當你查找事實時，一個可預期且會讓你感到意外的發現是：這類的事實比你預期的要少得多。

取而代之的是，你會發現很多意見。這是第二個部分——判斷（judgements），也稱為建議、觀點、解釋、形勢解讀、忠告、「好主意」。當你根據自己的世界觀拗彎事實時，這些就是不斷冒出來的禮物。在某一情況下，你會對三個不同的因素有看法：對方（「他們是……」）、你和自己在其中的角色（「我是……」）以及整體的情況（「這是……」）。

你可以經常使用「因為」來連接判斷和事實。「我遇到了大麻煩（判斷），因為計程車還沒到（事實）。」、「他們是不可靠的（判斷），因為報告（事實）已經遲交兩天了。」

你的感受（feelings）是其中的第三個要素。坊間還有其他有用模型，但此處簡化為五個核心情緒：瘋狂、悲傷、高興、羞恥和害怕。諷刺的是，你所說的任何一句以「我覺得……」開頭的話，很可能是一個「判斷」。

你的感受和判斷交織在一起。「我很難過，因為我遇到大麻煩了，因為計程車還沒來。」、「我很生氣，因為他們不可靠，因為報告已經遲交兩天了。」

當實際狀況經過如此分解，一切似乎就很明顯了。但就我的個人經驗，一般呈現會更像是：「我的判斷是這樣；我無法注意到和／或表達我的感受；我對這些事實並不感興趣，除非它能證明我的判斷。」換句話說，判斷、事實和感受結合在一起，形成了扭曲理解的邪惡雞尾酒。

第四個元素包含你想要的東西（what you want）。這個部分是關於與生活中的人們建立「成人對成人」的關係。這聽起來不錯，但到底是什麼意思？在抽象層面上，它可以是找到一種與某人共存的方式，平衡你們各自的優勢和盲點、欲望和界線。在實際層面上，這可能意味著爭取你想要的，即使知道答案可能是否定的。

我們大多數人都可以從培養「提出自己想要的」這種技能中受益。你如何闡明那一點，而且最好能增加被聽到的可能性？這可能需要拋棄舊的假設，其中最常見的兩個是「這不是我的立場所該問的」和「他們應該已經知道我要什麼」。明確自己想要什麼，往往能像利劍一樣快速解決棘手問題。布芮尼．布朗說：「清晰就是仁慈。」提出你想要的，這是一種仁慈之舉。

當你對某種情況感到不知所措時，請停下來，把它分成這四個部分。這個紀律可以幫助你理解什麼是真實的，以及哪些是在真實背後被編造出來的。它可以幫助你理解自己的感受，讓你得以利用它們來促進對話，而不是讓感受劫持了對話。

## 2 你處於什麼位置？

二十多年來，艾德．夏恩（Edgar Schein）的作品一直影響著我。在他的著作《MIT最打動人心的溝通課：組織心理學大師教你謙遜提問的藝術》中，我第一次了解到「向上升」或「往下降」這概念在人我互動間的意思。夏恩談到，提供建議會如何讓我們「向上升」，也因而使對方「往下降」，這就是為什麼我們經常拒絕建議，即使自己已經提出要求。治療師泰瑞・瑞亞爾（Terry Real）在談論失衡關係的動態時，也使用了相同的語言，即一個人處於「向上」的地位，而另一個是「向下」。

「向上」可能的表現是掌控、「高地位」、冷漠、指揮性、不感興趣、冷漠、憤怒、無動於衷、消極抗拒和指責；或擁有明確權力，做出決定，不信任對方。「向下」可能的表現是被指責、「地位低」、「受害者」、放棄、抱怨、絕望、操縱性、被動，因為沒有明確的權力，以及不信任自己。

在某個特定關係、某個特定時刻裡，你處於什麼位置？這個問題的強大之處在於，讓你退後一步看到動態。如果一段關係失去平衡，就會有人「向上」，有人「向下」。這是另一種模式，另一種舞蹈。

## 新視角

上述兩種做法邀請你擺脫自我，在某種程度上客觀地觀察自己和所處狀況。「注意你正在跳的舞蹈」是非常具有啟發性的，它讓動態看起來不那麼個人化，而且還表明了一點：你自己在此刻發生之事也扮演了一定的角色。此時此刻，你們雙方正在共同創造彼此之間的動態。

有了這種更廣泛、更有系統、通常更富同情心的視角，你可以決定最好的下一步是什麼：調整、修復或重新啟動。

▼掃描 QR code 或瀏覽 BestPossibleRelationship.com，下載範本來幫助你梳理事實、判斷、感受和需求；並取得其他資源。

# 時時調整：給予與索取接受

亞當．格蘭特（Adam Grant）的書《給予：華頓商學院最啟發人心的一堂課》是我的頂級珍選書籍之一。我把它放在最容易看到的地方，以便提醒自己記住它的反直覺訊息：面對作為給予者、索取者或互利者的選擇，給予者的結果最不成功、也最成功。如果你無設限地給予，就會成為受害者；如果你慷慨但永續地給予，就會能蓬勃成長。

我把格蘭特的說法稍做改變為這樣的建議：雖然你不想被認定為索取者，但你確實想成為一個可以接受他人提供東西的人。這讓我想起彼得．布洛克所提出的社會契約思想，人際之間的確需要進行相互交換，單向流動是無法發揮作用的。

心理學家約翰．高特曼（John Gottman）的「邀請」（bid）概念，使給予和接受成為日常互動的「貨幣」。「邀請」是情感聯繫的基本單位，是想要與他人建立聯繫的任何表態、問題或互動。在《關係療癒：建立良好家庭，友誼，情感五步驟》一書中，高特曼表示，透過一個又一個的邀請，我們逐步建立起更好的關係。

以下有兩個關係維護問題，一個可以問別人，一個可以問自己。

這些答案將幫助你建立可能發出及接收的邀請，有助於最佳可能關係的進行。

## 1 什麼部分運作得很好？

在《你是來帶人，不是幫部屬做事》中，我提出了一個問題：「什麼對你最有用？」作為學習問題，也是七個問題的最後一個。我喜歡這個問題，因為它暗藏了一些小心機：除了確定交流中哪些會有幫助之外，還巧妙架構起對話，讓人無法否認其有用性。你問的不是「這有用嗎？」而是「這是有用的，而其中什麼部分是最有用的？」

基於類似的原因，經常問「什麼部分運作得很好？」這樣的問題，對任何最佳可能關係都是有益的。我經常從它開始，這是一種刻意的舉動，目的在於抵消我們總是直接切入討論出錯部分的人性偏見。不是「一切進展順利嗎？」而是「一切進展順利，而其中特別值得一提的是什麼部分？」

當你堅持且持續提出這樣的問題時，就可以平息人們對特定狀況的緊張情緒，並加強你的最佳可能關係之基礎。約翰．高特曼另一個以研究為基礎的洞見是：關係的合適彈性可以透過正向與負向互動的比例來估計。五比一是個神奇數字。注意到哪些事情進展順利，要求一起慶祝，指出好的方面，以及講述自己小勝利的故事，這些都是為「關係帳本」加分的做法。

## 2 什麼是安靜姿態？

在《關係療癒：建立良好家庭，友誼，情感五步驟》一書中，高特曼也談到了「邀請破壞者」，意指我們經常拒絕對方尋求聯繫的邀請。有時我們這樣做是因為沒有注意。因為這些邀請往往很微妙——一個無言的小舉動，一句看似無關緊要的話，我們錯失了他們想要搭建橋梁和連結的嘗試。當然，有時我們會因為負面情緒而錯過邀請。我們不想讓他們因扭轉局勢而得意。

當我們的邀請被拒絕或忽視時，可能會感到沮喪。這是一個微妙的時刻，如果沒有發揮作用，我們往往會有點脆弱。我們不會想：「沒關係，這可能不是針對個人的，他們可能因為其他事分心，或太忙了或其他什麼的。」我們會想：「這證明了這一點：他們恨我。我放棄了！」又或者會這樣想：「好吧，如果你不關心這個，那就去你的吧。我也不會。我放棄。」（或其他沒那麼誇張但類似的反應）。

邀請的發出和接收是一個微妙的過程。如果你在給予，就繼續給予。如果有時沒有人聽到你的聲音，請不要沮喪。對他人傳遞的訊息保持警惕。他們一直在以微小的方式在發出邀請，可能是某些安靜的表態、可能是提供小禮物，或者配合調整來讓工作關係充滿活力，都是他們發出的微妙邀請。

## 調整後

無論人們多麼願意去了解哪些事運作得很好，以及邀請的給予和接受之道，關係仍然可能會有破損。當它們有點偏離軌道時——事情總是在某個階段有點偏離軌道——你需要知道如何修復已經損壞的東西。

# 經常修復：管理損壞

澳洲的氣候變遷導致毀滅性火災的增加。當火勢達到某個規模時，它們就會變得不可馴服，並且會以異常而無情的速度蔓延。二零零三年，大火席捲了我的家鄉坎培拉遠郊，至今傷痕依然清晰可見。二零二零年，這種情況再次發生，天空因煙霧和災害而變成橙色。先發制人的燃燒是管理危險的一種方法。人們利用數萬年前的原住民智慧，燒掉灌木叢以除去助燃物。當火災發生時（這總是會發生），可燃燒的東西就會減少。

就像澳洲叢林之火一樣，你的最佳可能關係也會有受到威脅的時刻。有時需要先發制人，有時你要處理小小的突發事件，而有時火勢會更大。積極致力於修復，可以維持最佳可能關係，而這需要你確保一時的燒傷不會變成長期損害。

這裡有兩個關係維護問題，你可以問問自己來盡量減少傷害。

## 1 還有什麼尚未說出和未浮出水面的事？

感謝老天，我已經有一段時間沒有受到青春期痤瘡的困擾了。然而我清楚記得，雖然有些痘痘很引人注目、很醜、很明顯，但真正痛苦的是潛藏在表皮之下、難以找到的那一種。這個有點詳細過頭的比喻是想告訴各位，對最佳可能關係產生威脅隱藏在檯面下的那些時刻。

有時你會注意到那發生在你身上。你自己的表現有點奇怪。你很可能無法準確地指出它，但就是有些事情不太對。有時候，你會在對方身上注意到這一點。他們的語氣有些不對勁，或者他們的表現並不像平常那樣。

你不需要知道出了什麼問題。你只需要指出可能出現問題的地方。「我注意到有些不對勁。發生了什麼事嗎？」、「還有什麼是需要說、但還沒說出來的？」有時，可能是個需要被治癒的傷痛，或者是需要承認並解決的輕微過錯。有時候，是正在醞釀中的衝突。

## 2 你將如何戰鬥？

小事變大了。安靜之事變得喧鬧。你現在不只是修復損害，還處於明顯的衝突之中。這並不可怕。良好的衝突是健康的，至少我們都聽過這種說法。但是，要如何以慷慨和優雅的方式去戰鬥？這似乎不可能。但在「修復問題」一章中，「橋接」練習邀請你說出自己已經擁有一些衝突技能的方式。亞曼達・瑞普立的《修復關係的正向衝突》、辛尼・諾布爾（Cinnie Noble）的《成為衝突管理大師》（暫譯，Conflict Mastery）以及道格拉斯・史東（Douglas Stone）、布魯斯・巴頓（Bruce Patton）和席拉・西恩（Sheila Heen）合著的《再也沒有難談的事：哈佛法學院教你如何開口，解決切身的大小事》等書籍提出了一系列帶來助益的戰術。不要一次嘗試所有方法，請找到最有幫助的內容，添加到你的清單之中。

## 基礎知識（請注意，這是基礎，但並不容易）

- 呼吸。
- 記住什麼是成功。成功通常不會是贏得一場特定的戰鬥。所謂「慘痛的勝利」是指你贏得了眼前這一場戰鬥；但損失如此之大，以至於輸掉了整個戰爭。
- 傾聽並了解對方想要什麼。在沒有感覺到被理解之前，對方是不會讓步的。
- 盡可能清楚表達自己想要什麼。你有什麼要求？
- 區分哪些是事實（實際發生的）、哪些是判斷（你的和他們的）。
- 當他們有道理時就承認。當他們「可能」說得有理時，也要承認「你可能是對的」。
- 做出自己能負責的陳述（「我是……」、「我感覺……」、「我想像的……」）。避免指責（「你做了……」、「你是……」）。

- 採取開放而非封閉的身體姿勢（無論那對你而言代表什麼）。以我而言，將腳平放在地上、鬆開雙手的這種姿勢，對我個人很有幫助。

## 進階技能（更困難的技能）

- 保持呼吸。
- 放棄試圖證明你的版本才是真相。《良性衝突：你今天欠了多少「衝突債」？組織心理學權威教你如何「吵」出團隊互信，提高工作效率，增進人際關係！》作者黎安．戴維（Liane Davey）表示，爭論中總是有兩個真理。泰瑞．瑞亞爾問道，在爭著要「成為對的那一方」這場戰役中，「誰在乎呢？」
- 對你和他們在抵抗的事物保持好奇。在表面細節之外，一些根本性的東西正面臨風險。受到威脅的可能根源於霍華．馬克曼（Howard Markman）的三個核心衝突焦點：權力與控制、信任與親密、尊重與認同。

- 當你不知道時，坦白說「不知道」。有時候，即使你可能知道，也要說「我不知道」。光這一點就可以阻止越演越烈的對話場面。
- 看看對方是否理解你的觀點。「對我所說的，你有什麼想法呢？」對你來說似乎很明確、沒有爭議的事情，對方可能有截然不同的解釋。
- 如果對情況有幫助，可以要求休息一下。有時候，「暫停」對每個人都有好處。

## 發芽

澳洲火災造成破壞。但不僅僅是破壞，澳洲的許多尤加利樹種依賴例行的火災季節。只有叢林大火的熱量足以啟動再生週期：種莢裂開，種子被釋放，落在新鮮灰燼覆蓋的土壤和根上，健康的更新週期再次開始。有時，我們會從工作關係的重新啟動當中受益。這可能還不是結束，而是一個新的開始。

# 根據需要重新啟動：結束（和開始）

在父親臨終時，我和他及母親一起在童年的家裡住了一段時間。我的父母是一對恩愛的夫妻，但現在這段關係正受到新的考驗。他們預期性的悲傷意味著他們既傷感又害怕，無法再像以前那樣生活和經營家庭。可以理解的是，這種情況的壓力帶來了一些緊張。這沒什麼可怕的，但身為他們的兒子，我不希望媽媽對她和爸爸關係的最後記憶有這種尖銳的感受。

我提議進行某種版本的基石對話。提出這個建議絕非自然或容易之事。我們一家人從來沒有特別進行過深入、內省的對話。誰想要引導自己的父母進行這樣的對話呢？我可不想，這一點是肯定的。

與父母相比，我自己對這個想法的抗拒是最小的。他們非常不熱情，但我很堅持。爸爸是第一個改變心意的人，最後媽媽也同意了。她不情願的同意正是大多人的感受：「好吧，我想我願意這樣做。但我需要現身嗎？」（他們在談話中都表現得很出色）

重新啟動一段關係的原因有很多。最明顯的可能是當你經歷了一場危機、而你想要將事情帶回現場並進行重建時。但衝突不是必需的。有時候，情況發生了很大的變化——例如角色或地位的轉變，大到你們雙方需要想像一段新的最佳可能關係。

有時，問題在於尚未澄清衝突。你已經陷入了泰瑞・瑞亞爾在《激烈的親密關係》（暫譯，Fierce Intimacy）中所說的「穩定的模糊性」：儘管它很平庸且不確定，但繼續下去比分開要容易一些。最後，有時工作關係即將結束，你希望盡最大努力，以優雅的姿態、欣賞的眼光和有尊嚴的方式結束它。

以下兩個關係維護問題可以幫助你平順航向終點，並且探索新的開始。

## 1 我們應該重新開始嗎？

你會記得，基石對話的威力之一，就是為「談論彼此如何共事」樹立了先例。「工作關係健康狀況」這個經常讓人感覺是禁區的話題，可以提出放到議題中進行討論。

在某種衝突之後，無論是和諧中的小擾動還是更嚴重的對抗，現在是時候透過另一場基石對話來重新建立關係了。你最初的計畫與現實發生了衝突。你們仍然有同樣的共同承諾，但現在有了一連串的新行為、模式和互動需要解決。你們再次尋求回答這個獨特的問題：我們需要了解彼此哪些資訊，才能共同重塑最佳可能關係？

你正處於十字路口。如果避免重新啟動，關係可能會繼續惡化；如果能掌握機會播下修復和回復的種子，就有機會強化鞏固這段關係。你已經從基石對話部分得到了可供使用的工具，接著可以將這些問題和思維方式分層進行。

**保持同理心（對他們和你都要抱持同理心）**

- 你的狀況如何？我是……這樣做的。
- 我發現這很難／困難／令人不安／令人困惑。你是怎麼發現的？

**保持好奇心（關於你們是如何走到這個地步的）**

- 事實是什麼？我們對事實的意義有何理解？
- 是什麼火花引發了這一切？
- 你希望自己採取哪些不同的做法？我希望我能有……這樣不同的做法。
- 未來我們如何能更妥善地處理這類事情？

**保持承諾（對最佳可能關係以及對於修復都投入承諾）**

- 你想聽我說什麼？我想聽你說的是……這些。
- 有什麼是需要說、但還沒有表達出來的？
- 此外還需要什麼，才能讓我們重新開始？

## 2 我們如何結束這一切？

有時的決定不是重新開始，而是結束這段關係。時間到了：某些東西可能已經無法挽回地損壞，或者故事可能已經完成。所有事物各有其季節，最佳可能關係也一樣。

我們並不總是可以選擇如何離開。我在前面曾提到《冬天的故事》裡有個叫安蒂岡努斯（Antigonus）的人物……他退出後被熊追趕，再也沒有出現在舞台上，所以結局可能不太好。幸運的是，你比安蒂岡努斯有更多的選擇，所以請決定你希望它如何結束。不同的情況需要不同的反應，但如果你能盡可能多採取下面的第三個選項，就能掌握更多運氣，努力讓最佳可能關係成為值得慶祝之事。

**搞消失**。你認為這不值得付出努力，然後就消失得無影無蹤。對你這一端來看是乾淨俐落，但對其他人來說，通常會覺得沮喪和困惑。

**燒船**。據稱，西班牙征服者艾爾南・科特斯（Hernán Cortés）下令在抵達阿茲特克帝國海岸時燒毀船隻，不給自己留後路。你可能沒有船，但你有橋梁，儘管時間沒有很長。你決定這裡沒有什麼值得保存的，而且你還想向一些人展示你對這次體驗的真實感受。

**守夜**。這是愛爾蘭慶祝死亡的絕佳傳統。其中有悲傷，也有慶祝。這是一個刻意的聚會，討論過去的事。它是慷慨、安全、快樂的。你可以使用以下問題的其中一些來塑造你的答案。

- 關於最佳可能關係，你能講述的最好故事是什麼？
- 有什麼需要慶祝的？需要對什麼表示感謝？
- 你學到什麼？有什麼樣的改變和成長？
- 有什麼是不需要說的？你在哪些事情上可以保持沉默？
- 尊嚴看起來和聽起來是什麼樣貌？怎樣才能讓雙方都保全面子？

# 結束

我最近所讀過最精彩的書籍之一，是凱瑟琳．曼尼克斯（Kathryn Mannix）的《好好告別》（暫譯，With the End in Mind）。她是一位英國醫生和認知行為治療師，致力於幫助人們減少對死亡的恐懼。她談論的內容涉及廣泛層面：我們大多數人都不熟悉死亡，並且對此感到焦慮，無論我們是否已經走到了生命的盡頭，或者對我們而言的重要之人即將離世。

曼尼克斯講述了人們如何善終的悲歡故事。思考如何面對一段關係的結束並不完全相同，但我想至少可以從她的作品中學到兩點應用。首先，未知可能是最可怕的。我們傾向於將未知災難化，並往最壞的方面想。事實上，大多數結局比我們想像的更安靜、更溫和。

其次，積極管理眼前狀況中所有參與者的體驗，這一點是有幫助的。是的，希望事情能有好結局，有時是可行的……但如果你事先思考並刻意進行營造，整個過程可能會更大器、更有風度，也會更優雅。

我覺得和你有深深的連結……

在愛中，也在災難中，就好像我們正在一起冒險。

——尼克・凱夫（NICK CAVE）

# 我們愉快地糾纏在一起

這是一生都需要的技能

## 自始至終，重要的都是「關係」

將人際合作的方式或方法歸類為「軟技能」，是我最受不了的事。我們有邏輯、編碼、策略等等方面的「硬技能」；其餘的那些柔軟東西則被輕視為「軟技能」。

這有一點侮辱人，而且與真正科學家看待世界的方式越來越矛盾。過去這段時間以來，科學持續引領我們，不再將個體作為生命主要構成單位。有趣的不是關於事物，而是關於原子，還有事物之間的關係。

並不是每段關係都會很棒。
但每個人都可以變得更好。

量子力學－物理學教授卡洛．羅威利（Carlo Rovelli）稱之為「也許是有史以來最成功的科學概念。到目前為止，它從未被證明是錯誤的」——開始根據事物與其他事物的相對關係來構建其屬性。羅威利在其著作中明白表示，一個好的科學理論「不應該關於事物『是』什麼，或者『做』什麼，而是應該關於它們如何『相互影響』」。

對我們大多數人來說，量子力學感覺晦澀難懂，但這不是唯一一個對關係的關注日益增加的領域。從更人性化的角度來看，彼得．渥雷本（Peter Wohlleben）（《樹的祕密生命》）和蘇珊．希瑪爾（Suzanne Simard）（《尋找母樹》）等作者也表示，沒有一棵樹是與周圍森林完全獨立的。透過菌根真菌的「樹聯網」（wood wide web），樹木可以遠距離相互交談，相互給予和獲取資源，並建立對於未來的行動主體性。

對原子和樹木來說是這樣，對人來說也是如此。我們就等於我們的關係。

並不是每一個工作關係都會很棒，但幾乎每一段工作關係都可以變得更好。致力於與每位關鍵人士建立最佳可能關係，就是投身於增加成功和幸福的承諾。

「失蹤」的那位男子加入了搜尋隊，
跟著大家一起尋找自己。

（BBC世界新聞）

# 加碼內容：認識你所擁有

如何更明智地了解自己是誰

# 揀選你的卡

我的妻子是加拿大人。她不只是加拿大人，也是紐芬蘭人的女兒。擁有紐芬蘭DNA意味著很多事情：你會說很棒的故事，對朋友們非常忠誠。然後，你會玩非常激烈的紙牌遊戲。

當我第一次在東海岸玩克里比奇牌時，我遭到了同等程度的憐憫、嘲笑和痛擊。我根本不知道自己在幹嘛，但有一件事很明確：要嘛趕快學會，要嘛死一死比較乾脆。克里比奇牌涉及出牌和快速數學兩者（這兩件事你都不需要擔心），玩家還要夠快速揀選手上的牌。你收到六張牌，必須決定保留哪四張牌、放棄哪兩張牌。

本書的加碼部分正是這樣：有機會更加了解你手上的牌以及哪些是你最好的牌。這些內容提供方法來加深你理解自己是誰、如何表現、如何給予及接受。

對於基石對話五大問題中的每一個，我都提供了兩個延伸練習，協助擴展你的思維和自我覺察。有些練習與問題直接呼應，有些則比較迂迴。

有興趣嗎？希望如此。

請保持好奇的懷疑態度。當我做這項工作時，盡量不被引誘自認為所有答案都是真實無誤的。有時，它們是獲得更深入洞察的第一步。對這個過程和自己的答案都保持一點懷疑，對你絕對有幫助。不要照單全收、直接全部吞下去。

我有四種方法來「三角測量」你的答案並進行現實查核。請瀏覽 BestPossible com 網站或掃描 QR code 取得相關資訊。

## 深入探討「放大問題」

近年來，對任何顏色之「最」的追求，無論從字面上還是隱喻上都在加劇。最先是從梵塔黑（Vantablack）（奈米碳管黑體）開始，這是一種「很黑」的黑，可以吸收百分之九十九．九六的光。你從來沒有使用過它，也不會使用它，因為雕塑家安尼什．卡普爾（Anish Kapoor）已經成功地聲稱握有在藝術中使用它的獨家權利。如果這看來很自私，斯圖爾特．森普爾（Stuart Semple）同意你的看法：他開發出黑色三．零（Black 3.0）作為回擊，而且聲明世界上任何人都可以使用它——除了卡普爾之外。

近年來，森普爾開發了最粉紅的粉紅色，並在二零二一年底開發了最白的白色。受到鬼甲蟲和植物冷光等多種來源的啟發，白色二．零是由高品質顏料、樹脂、螢光增白劑和消光劑混合物製成，可反射百分之九十九．九八的光。森普爾表示，白色二．零比最暢銷的白色塗料還要亮百分之五十。

當你展現出最好的狀態時，就會比以前更閃耀。以下練習的第一個就是要請你利用不同的原型來說明自己的最佳水準，而第二個練習則需要朋友的幫助。

## 【練習】原型

「英雄之旅」的敘事結構之所以能引起如此共鳴，不僅是因為旅程的本質：跨越門檻，經歷危險和挑戰，面對並征服困難，然後踏上歸程。同時也因為一系列熟悉的角色始終是冒險的一部分。

「英雄」肩負著任務的重擔。她必須沿著前進之路持續邁開步伐，並做出決定性的舉動。「導師」是老師和嚮導的角色，具備得來不易的智慧。他們願意分享自己的傷疤和故事。「盟友」是英雄的後盾，經常砍柴、挑水，以便讓英雄可以做她需要做的事。盟友是啦啦隊長也是資源。「變形者」會因應情況做出變化，根據需要融入或挺身而出，他們適應力強且難以被抓到。

在這個練習的第一部分，請問問自己最喜歡扮演哪個角色，而你通常預設扮演的又是哪一個。這裡面有你嚮往的角色嗎？對方最能有效扮演的又是哪一個？

與這四個角色相互作用的是四種能量。正如我在《如何開始》（How to Begin）一書中所寫，這種智慧來自北美原住民部落在其聚會開始時的「召喚能量」儀式。這四種能量分別是戰士的能量（邊界、設下界線、涉入衝突、激烈保護）、治療師或愛人（安慰、照顧、復原、療癒、溫柔的保護）、老師或魔術師（知識、學習、智慧、細節、探索、經驗），以及統治者或夢想者（野心、無情、大局、戰略、清晰）。

你最能自然表現出來，或最容易召喚的是哪一種能量？哪些對你來說感覺更難以捉摸、需要依賴他人帶出那些能量？

## 【練習】自吹自擂的朋友

「你太讚了……而且你做得超讚的！」這是我的電子郵件簽名檔。我媽媽討厭它。她憎恨這種說法。

對她來說，這種肯定過頭的風格過於「加州」，而且在文法上也不正確。「你做得超讚？」她會說，「你的意思是說『你做得很好』吧？老天爺，你是羅德學者[3]耶！」

從技術上講，她的文法是正確的；但我知道而她不知道的是：我每週都會收到一至三封電子郵件，內容大意是說：「謝謝你的鼓勵。我很需要那些內容。」

3 羅德獎學金為一國際性研究生獎學金項目，得獎者獲稱為「羅德學人」或「羅德學者」Rhodes Scholar，前往牛津大學進修。作者曾獲得此獎學金。

我們大多數人在表達自己最好的一面時，都會感到侷促不安，主要原因有兩個。首先，我們大多數人都對這件事有點模糊，不知道什麼字眼可以最準確地表達我們是誰。第二個、也是更明顯的障礙是，即使我們略知是什麼讓自己變得這麼棒，也不願意大聲說出來。我們不想成為那個自我推銷、搶奪注意力、自吹自擂的人，以為天下理所當然是他們的那樣。

這裡有個巧妙的方法，可以讓你擺脫自己的謙虛，找到合適的字詞來表達你在技術面、情感面和關係面的優勢。

想像我正在和你最好的朋友之一說話。我問他們：「你（你最好朋友的名字），真正欣賞（你的名字，親愛的讀者）的什麼？」我繼續說，「你能暫時把那些玩笑、刻薄或諷刺的評語放在一邊嗎？」畢竟，在許多文化中，那是一種愛的表達。「然後直接告訴我嗎？他們做了什麼？以他們個人來說，你最欣賞他的哪些部分？告訴我五件事，或者更多。」

你最好的朋友會說什麼？

這個練習可以幫助你，避免因為吹噓自己的優秀特質而感到尷尬，那對我們多數人來說都是不自在的。將自己置於第三人稱，並想像其他人正在談論你，這樣感覺更加客觀，沒有特定指出哪個個人。當你透過別人的眼睛看待自己時，經常會看到一些之前可能沒有注意的事情。

## 深入探討「穩定問題」

雷內．馬格利特（René Magritte）畫了一幅菸斗的畫，並在下方寫下：「Ceci n'est pas une pipe」（「這不是一根菸斗」）。這句話明確表達了我們的分類方式簡化和減少所見事物。這幅畫被稱為〈圖像的背叛〉（Treachery of Images），提醒了我們，為周圍事物貼上的標籤只是粗略的指引，而非事實。

但我們喜歡好的標籤。當然，它們很有幫助。人類是有模式和習慣的生物，當我們為某事物命名時，它會告訴我們如何駕馭它。當你進行「穩定問題」一章中的深度「閱讀我」練習時，就是在構思你想要分享的標籤（「我並不是一個真正的拖延者……但我在壓力下的工作表現最好」）。當你在基石對話中談論這一點時，你先前為對方貼上的標籤就得到了確認，或因此得以更加細緻完善。

但使用標籤是一種自招風險的行為。它們的描述是有限的，而且標籤有黏性。以下的練習可以為已經貼上身的標籤創造更多細微差別和複雜性。第一個練習邀請你添加一些背景和故事；第二個突破了二進制，提供了光譜式的選擇。

## 【練習】你的工作習慣是從哪裡學到的？

在踏入社會的前一兩年，你開始明白自己陷入了什麼樣的狀況。這整個「長大成人」到底是怎麼一回事？高中還有大學（如果你有上大學的話）感覺已經夠難了，但一份全職工作……「等等！我得準備再做一次？而且要再這樣過四十年？」這對人們來說，有點難以適應、難以對付。

賽富時（Salesforce）的史蒂夫・莫羅（Steve Morrow）非常支持教練式指導和領導，這家公司每年營收超過兩百五十億美元。我們討論在賽富時是如何看待建立更好關係這件事，他表示，他們會問的問題之一就是：「你是從哪裡學到你的工作習慣？」

我厚顏地偷走了這個問題。這個問題的妙處在於，習慣就定義而言是無意識的，我們已經不再注意到它們了。在這個練習中，請注意你的一些關鍵工作習慣，並利用它們作為跳板來回溯你所學到的內容、在哪裡學到的，以及為什麼你認為它很重要等相關的故事。它可能與工作偏好有關，或者與你在工作關係中的表現有關，也可能與你如何管理壓力或衝突有關。或者，就是你的某種「我都是這樣做的」工作方式。

如果有幫助，請使用這個公式：我（像這樣工作），因為我已經學到（當你學習到這種工作偏好時的故事）。

## 【練習】打造你的專屬光譜

數位世界給了我們如此巧妙的選擇。它不是一、就是零，不是黑、就是白，不是開、就是關。這適用於演算法，但不足以描述我們人類的複雜性。是的，我們的某些選擇是二元的，你在前面的「穩定問題」練習中，也回答了一些這樣的問題（「你在使用 Zoom 線上會議軟體時，偏好打開鏡頭還是關閉鏡頭？」）。

在我看來，一個更混亂、更有趣的練習可能是去理解更深層的偏好，藉此指向更基礎的行為趨勢。因為這些選擇的存在不像字面上的意義，而更偏向於隱喻性質（「你比較常處於鎂光燈下還是在幕後？」）答案不是這一個或那一個，更像是在理解兩個對立面的「獎勵和懲罰」，以及你的偏好可能處於兩者構成光譜的哪裡。

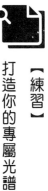

對我來說，光譜的兩個端點不帶有價值判斷。例如，我認為「冷靜」和「多變的」都有價值。但你可能會發現有些詞比其他詞效果更好，或者不發揮作用。請隨意建立你自己的版本，一個最有助於描述你自豪之處的光譜。

你會將自己放在這些光譜的哪個位置？

你更偏向的是……？

| | | |
|---|---|---|
| 人群中的一個人 | | 獨奏者 |
| 沉穩的 | | 容易焦躁激動的 |
| 曲折不著邊際 | | 直接 |
| 節奏樂器 | | 主音吉他 |
| 維持者 | | 破壞者 |
| 傾聽者 | | 發言者 |
| 熱愛確定性 | | 冒險家 |
| （______） | | （______） |

## 深入探討「好約會問題」

在倫敦的國家美術館（National Gallery）中，我最喜歡的畫作之一是揚・范艾克（Jan van Eyck）的〈阿諾菲尼的婚禮〉（The Arnolfini Portrait）。一對夫婦站在佛蘭德斯房間的最前面。丈夫戴著一頂傑米羅奎風格（Jamiroquai）的大帽子（以九零年代搖滾迷熟悉的字眼來說），穿著綴有毛皮的深色長外套，握著新婚妻子的手。妻子身穿一件飄逸的綠色天鵝絨洋裝，背後是一張豪華紅色四柱床，天花板上懸掛著令人印象深刻的尖頂吊燈，一隻可愛的小狗從畫面底部抬起頭來，後牆上有一面圓形鏡子。

那是我喜歡的鏡子。裡面有一幅范艾克本人的小肖像。這是一個永不過時的提醒，即使你舉起鏡子對著自己，還有另一道目光需要考慮：另一個人。

范艾克的傑作指出了一個更深層的真理：相互依存對生命至關重要。除非你在人際關係中檢驗對自我的認識，否則它毫無意義。精神領袖拉姆・達斯

（Ram Dass）完美地總結了這一點：「如果你認為自己開悟了，那就試著去和家人一起共度一週。」

以下兩個練習可以加深你的理解，知道為何之前關係可以如此牢固和滋養。你已經探索過你和對方做了哪些、說了哪些來讓關係如此正向。這是一個深入挖掘的機會。

## 【練習】他們如何愛你？

多年來，我一直拒絕閱讀蓋瑞．巧門（Gary Chapman）的《愛之語：永遠相愛的祕訣》。我覺得這會是所有自我成長書籍中最糟糕的一本，而英文版一九八零年代風格的哈潑出版羅曼史小說式封面更是強化了這種偏見。但是我錯了。這是一個簡單而有用的模型。愛之語是我們希望被欣賞的方式。這五個選項是：肯定的言語（說支持的話）；服務行動（做有益的事）；接受禮物（贈送貼心的禮物）；精心時刻（度過有意義的時間）；以及身體接觸（靠近）。

人們往往傾向於用自己最喜歡「接收」的語言來「給予」。這一點非常有幫助：他們如何表達感激之情？可能就是他們喜歡被欣賞的方式。但請注意，這裡也可能存在一個盲點：這就是我喜歡被欣賞的方式，所以肯定也是他人喜歡被欣賞的方式。

在這個練習中，找出最能點亮你的愛之語。現在，反思一下過去成功的關係，並注意哪些形式的欣賞特別引起你的共鳴。觀察自己如何給予以及如何接受讚賞，看看你能從中收集到什麼訊息？

## 【練習】捉迷藏

如果你是英國熱衷於觀察研究稀有鳥類的人，應該會非常熟悉隱蔽處：偽裝的小屋或「觀察點」，你可以隱藏其中觀察鳥類活動（如果活動這個詞不會太誇張的話）。我們當中有許多人似乎也躲進了工作的偽裝小屋之內。你應該還記得我在本書前面提到的德勤公司研究：近三分之二的員工會在職場淡化自己部分的身分。

這個練習稱為「捉迷藏」，邀請你對自己的天賦命名，然後分享你可以在何時隱藏它們，以及何時可以將它們展現出來。

請從你的天賦開始。如果你做了「自吹自擂的朋友」練習，應該已經在這方面取得了很大的進步。請回答以下這一類的問題：你最棒的貢獻是什麼？你因什麼而為他人所稱道？你應該以什麼聞名？你的天賦可能會結合技術專長、經驗和過去學到的教訓、個人偏好和天生注定要做的事情，以及你與他人合作的方式。

一旦看到自己的天賦，接著請探索你如何在某些關係中隱藏它們，以及如何在最好的關係中設法將它們呈現出來。你在什麼時候會懷疑自己並避免被他人注意？當你決定保持沉默而不做出貢獻的那些時刻，發生了什麼事？是什麼讓你分享天賦，獲得一些初期的勝利，並讓你在手邊工作中發揮出最好的自己？

這些交流的重要性讓我想起了葉慈（W.BYeat）的詩作〈他想要天國的綢緞〉（Aedh Wishes for Heaven Clothing）：

我把我的夢鋪在你的腳下；
請輕輕地踩，
因為你踩的是我的夢。

這對你們雙方來說，都是一份精緻而珍貴的禮物。

## 深入探討「壞約會問題」

我已經有一段時間沒有聽到駭客被貼上白帽子、灰帽子或黑帽子的標籤了，每種帽子的顏色都暗示著不同層次的倫理和道德。這個詞來自一個更純真的時代——你知道，就是五、六年前吧——當時我們還沒有完全意識到自己是社交媒體演算法的受害者，也沒有意識到某些國家在干涉他國選舉，還有勒索者最喜歡的付款方式是加密貨幣。

我們想像在老派的西部片中，不法之徒總是戴著黑帽子、好人戴著白帽子。儘管服裝從未如此明確，但一九零三年電影《火車大劫案》（The Great Train Robbery）的結尾還是出現了一個標誌性的時刻：電影中的一名劫匪面對鏡頭，用六發手槍向觀眾開槍。他正是戴著一頂黑帽子。

在英國，反派也是戴著黑帽子：不是牛仔帽，更有可能是一頂禮帽。按照默劇的傳統，壞人從右側進入舞台，其他演員從左側進入舞台，他的登場暗示著觀眾發出噓聲、嘶嘶聲和大喊：「壞人就在你後面！」

而最近以來，最著名的黑帽就是頭盔（想想達斯・維達[4]沉重的呼吸聲、父親情結和光劍）。

談論令人沮喪、破裂和失敗的關係是一種強烈的敞開行為。它會立即增強信任，並使你們在不可避免地談到這段工作關係時，更有可能共度艱難時刻。

第一個練習是為對方戴上黑帽，第二個練習讓你有機會為自己認領黑帽。

4 Darth Vader，安納金・天行者，是電影《星際大戰》裡的一名虛構人物。

## 【練習】人們對你有哪些誤解？

夏恩．派瑞許（Shane Parrish）在他的「知識計畫」播客節目中，採訪了領導力教練蘭德爾．斯圖曼（Randall Stutman）。斯圖曼反思了最具啟發性的問題之一：

當你第一次見到別人時，他們對你有什麼誤解？他們對你有什麼錯誤的認知？他們高估你什麼，低估你什麼？他們在哪些部分錯了？

對斯圖曼來說，答案將揭示一定程度的自我意識（或自我無意識）能促進理解。這個人對自己在世界上存在的細微差別有多敏感？

對我來說，這個問題有「一分錢獲得三分洞察」的影響。首先，就斯圖曼的觀點而言，這是一種從外部看待自己，並注意自己如何向世界展示的方式。它破壞了你對於自己生活經驗的自我確認。其次，你可以在基石對話中告訴對方，你是如何被低估或高估的。在下一節會有一個類似但不同的練習（「這是雪茄嗎？」練習）。

但最深刻的洞見是，你的答案揭示了你如何評價自己（透過你的意圖）和你如何評價他人（透過他們的行為）兩者之間的差距。這種偏見就是為什麼我們常常比別人對自己有更高的自我意識。如果事情沒有完全按照計畫進行（讓我們面對現實吧，事情什麼時候有按照計畫進行過？），至少你知道自己的意圖是好的。但當其他人搞砸時，你沒有了解他們的意圖，唯一的證據就在於他們「做了什麼」或「沒有做什麼」。因此，上述的問題會讓你更加好奇在「意圖」和「感知行動」之間存在什麼樣的差距，不管是你自己或是他人的。

那麼，人們對你有什麼錯誤的認識呢？如果你想再更深入一點，可以再想想：在他們錯誤認知中的那個你，蘊含了什麼關於你的核心真相？

## 【練習】認領你的惡棍角色

這是你選擇黑帽並大聲認領的機會。以下有七個基本的邪惡舉動，每個舉動背後都有一個虛構的角色模型。在這個練習中，請說出你多年來做過的二到三個動作（不能回答「以下皆非」）

- 背叛（我會違背諾言……例如馬克白）
- 忽視（我會忽視你；你不值得我花時間……例如郝薇香小姐[5]）
- 窒息（我會把你關在籠子裡……例如格林童話《糖果屋》中的女巫）
- 誘惑（我會讓你偏離你的道路……例如達斯．維達）
- 著迷（我不會讓任何事情妨礙我的目標……例如亞哈船長[6]）

---

5 Miss Havisham，查爾斯狄更斯一八六一年小說《遠大前程》中的人物。
6 Captain Ahab，虛構人物，赫爾曼．梅爾維爾的《白鯨記》中的主角之一。

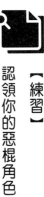

- 霸凌（我會把你釘在你的位置上……例如桃樂絲・珍・恩不里居[7]）
- 毀滅（我會摧毀你所建造的一切以及你的身分……例如史諾總統[8]）

現在，如果你和丹尼爾・戴－路易斯（Daniel Day-Lewis）一樣崇尚「方法演技」，你會想了解這種行為背後的動機。是因為不安全感以及不確定能否勝任這份工作嗎？還是因為感覺自己的地位或野心受到威脅？也許你發現自己處於受害者模式，你希望其他人也像你一樣受苦。又或者匱乏才是真正根源。

希望你在所有這些典型行為中認出自己。但同樣的，也不要聲稱你從未扮演過其中一種或多種行為。此處需要面對的問題是：如果必須選擇這些反派之一作為你的角色，你會選擇哪一個？想想過去某個承受壓力的時候，在那些時刻，負面行為通常會出現。

7 J. K.羅琳《哈利波特》系列中的虛構人物。
8 小說《飢餓遊戲三部曲》的虛構角色，施惠國總統。

## 深入探討「修復問題」

第一次世界大戰中，一個美軍營被困在敵後。當美軍這一方開始砲轟敵軍時，他們的處境變得更加危險。他們必須跨界傳達訊息。但要如何做到呢？在沒有無線電的情況下，通訊兵依靠訓練有素的鴿子來傳遞訊息。第一隻鳥被放出後，立即被德國狙擊手射殺。

第二隻也遭遇了同樣的命運。最後一隻鴿子「雪兒阿米」（Cher Ami）是最後的希望。

牠被拋向空中，在辨明方向之後，開始了危險的旅程。狙擊手開槍射中了牠。但這一次，鳥兒繼續飛翔。雪兒阿米身受重傷，但還是到達了總部，將消息傳遞出去。聯絡管道重新建立，整個營隊得以倖存。雪兒阿米一隻眼睛失明、失去一條腿，但活了下來。為了紀念其英勇飛行，雪兒阿米被授予十字勳章，死後被製成標本，在華盛頓特區史密森尼學會的博物館展出。

在「修復問題」章節的橋接練習中，重點就在「鴿子」。你如何穿越戰場並重建斷裂的連結？

以下這兩個練習更專注於鴿子所面臨的「危險」。第一個練習幫助你更清楚意識到，自己哪些行為可能會在無意間損害雙方的關係；第二個練習幫助你了解自己的壓力反應；這種反應可能會被誤解，繼而加劇關係中最初的裂痕。

## 【練習】那是雪茄嗎？

西蒙．弗洛伊德（Sigmund Freud）因分解夢境、尋找象徵而聞名。牆面光滑的房子？那代表的是一個男人。有陽台的房子？那可能象徵女人。害蟲？很可能與兒童有關。但即使是佛洛伊德也不得不承認，有時雪茄只是雪茄。

為了深入進行這個練習，請回顧過去的誤解，以及人們似乎誤解了你所做之事的時刻。找出那些似乎會再次發生的誤解，因為可以合理猜測這在將來也會再次發生。什麼時候你覺得那些反應對你而言是過大的？請明確説明當時發生了什麼、你認為那意味著什麼，以及你的行為是如何被錯誤認定。

「你對他人行為的反應」常常是造成誤解的敏感訊號。你沉默，你提出問題，或者不問問題，你皺起眉頭、揚起眉毛、要求證據，或者離題。你甚至不用想到這些，純粹就是你所做出的行為。但對於另一個人來説，這些反應像是子彈已經上膛，而且可能一觸即發。

這種誤解可能集中在霍華・馬克曼（Howard Markman）所謂的「權力與控制、信任與親密、尊重與認可」三元素。人們是否認為你想要繼續控制、將他們推開，或以某種方式貶低他們？

如果有幫助，請使用以下結構：當我做／說（某件事／某句話）時，它表示（這個意思），而不是代表（那個意思）。

當你做這個練習時，上述句型會很有用。如果你願意的話，也可以在基石對話中再次使用。

過去發生的誤會，未來還可能會再次發生。

## 【練習】描繪你的壓力反應模式

當事情變得糟糕時，你的原始腦和身體會在理性思維意識到發生什麼事之前，就決定如何反應。你的心跳和血壓增加，瞳孔放大，肩膀隨著身體緊張而上升，你會摒住呼吸。

你正在準備應對三種主要反應之一——你之前應該至少聽說過其中兩種：「戰鬥」或「逃跑」。關於第三種反應是什麼，則還有一些爭論，但我喜歡泰瑞·瑞亞爾提議的版本：「修復」。

「戰鬥」認為攻擊是最好的防禦形式。它可能會很吵鬧、很混亂，可能是冷漠和刻薄的。「逃跑」則意味著撤退。有時是身體上的撤退，更常發生的是人在現場，思緒卻處於「登出」狀態。

「凍結」的反應被合併到「逃避」反應之中。而「修復」則是「救援者模式」，擔起責任，讓事情變得更好，通常會摻入一點不健康的自我毀滅方式。

對於壓力的反應，你會有一個過去慣用的優先選項。在這個練習中，請描繪出你在壓力下的典型反應。不要只是簡單貼上「戰鬥」、「逃跑」或「修復」標籤。詳細說明自己會做出什麼具體的行動？你會攻擊嗎？如果會，那看來會是什麼樣子？是聲音大、陣仗大，還是安安靜靜、偷偷摸摸的？你會消失嗎？那意味著什麼？你會鬼鬼祟祟，還是開始敷衍行事、消極抵抗？你會變得麻木嗎？是否開始猛烈抨擊並指責他人？你是否願意犧牲自己，做任何努力來讓事情變得更好？你是否看起來變得愚蠢，或變得安靜，或試圖擺脫眾人目光？

在基石對話中互相分享這些資訊還有一個額外的好處，就是能夠注意到他人的壓力反應行為（「嗯，他們處於『修復』模式」）你可以指出正在發生的事情（「我注意到……」）並詢問（「現在有什麼事情讓你感到壓力嗎？」）。

「從什麼時候開始，」他問道，「一首詩的第一行和最後一行變成了詩的開始和結束？」

——謝默斯．希尼（SEAMUS HEANEY）

# 最後再來點好料

關於最佳可能關係的常見問題
如何更進一步、更深入一些
資源與研究
致謝

## 關於最佳可能關係的常見問題

根據他人引述，棒球哲學家尤吉・貝拉（Yogi Berra）曾說過：「理論上，理論和實務是一樣的；但在實務上，兩者不一樣。」（巧妙的轉折：實務上他並沒有說過這段話）讀完本書的「理論」後，你一定會對「這如何適用於自己和員工及所處環境中」產生疑問。我沒有所有的答案，但我盡最大努力提供以下的說明。

### 這會變得更容易、更不尷尬嗎？

是的，確實會。當你學會了問什麼、回答什麼的微妙之處，以及如何接受改善關係的困難時，你會變得更加放鬆和更有技巧。但這總是工作，而且總是需要勇氣。

## 這種功能失調的狀態會消失嗎？

哈哈哈……喔，等等，你是認真的嗎？不，功能失調、失望和沮喪是人際關係的重要組成部分。當然，你看著一些關係然後想著：「那裡發生了什麼事？這樣健康嗎？還是破裂了？」但當你投入於最佳可能關係時，功能失調的狀況通常會減輕、也更為容易管理。

## 這對所有關係都有效嗎？

不，並非所有關係都有效。因此本書的原文標題（How to Work with (Almost) Anyone）中就有「幾乎」一字。這需要雙方都有一定程度的投入。假設你是認真的，對方也必須想讓它發揮作用，或至少不能主動忽視它是否有效。但人們通常會比你想像的更在乎。當然，有些人控制欲強、手握大權、自戀，而且完全冷漠，但大多數人都會想要最佳可能關係。

承認關係中存在權力差異也很重要。有時這是階層所致——老闆和他們的直接下屬，有時是因為不同的社會因素，如性別、種族、年齡差異等等造成的。

我知道這些有時難以克服，我也相信最佳可能關係的基石對話是減少權力差異，並且讓「建立成人對成人關係」更為容易的方法之一。

## 我正處於職業生涯的初始開展階段，也可以這樣做嗎？

你絕對可以立即開始執行這個行動。這是一個非常具有威力的想法，越早開始，就能越快從「無勝任力」轉變為「有勝任力」。不過，我必須說，如果你對工作關係的好壞醜惡有過一些經驗，事情會變得更容易。剛開始工作時，你是樂觀和天真的（這是有用而有力的事），如果你經過磨練，基石對話的進行會更貼近實際狀況。

## 這對我的老闆有用嗎？

經常有用，但並非總是如此。有些老闆會很高興你願意一起設計最佳可能關係。許多老闆會有點警戒和困惑，因為以前沒有人對他們做過這樣的事。有些老闆則是一點興趣也沒有。就我個人而言，當我遇到最後一類的老闆時，最終會嘗試尋找新角色或新工作。

## 我可以和不喜歡的人經營最佳可能關係嗎？

絕對可以。事實上，這是最佳可能關係的最佳應用範例之一。你可以和喜歡的人一起撐過困難時期；但是，當你與一個不合拍的人一起工作時，如何才能獲得最大程度的成功，並盡可能使它不要太過糟糕呢？答案就是與對方一起努力進行最佳可能關係的流程。

## 我可以只提問而不回答嗎？

我在本書的正文裡談過這一點，但值得在此再次重申：請不要只是問問題。這樣做會大大降低成為最佳可能關係的可能性。最佳可能關係的核心是一定程度的共享開放性和敞開，這是雙方感覺足夠平等的交換。如果只有一方敞開，那麼這段關係就很難維持原本可望達到的安全、有生機和可修復性。

## 如果他們被自己的身分迷惑了，該怎麼辦？

嗯，我們都有點輕微被迷惑了。但我們假設他們被迷惑得很嚴重，這當然會讓事情變得更加困難。但建構最佳可能關係可以稍微縮小這一差距。因為你會有機會說類似這樣的話：「你說過你會做這個，現在你做的是那個。這是為什麼呢？」希望我們在這樣的過程中，都能更明智地清楚自己是誰，以及該如何與他人合作。

## 基石對話需要多久時間？

請將目標訂在十分鐘以上、三十分鐘以內。正如廣告中所說：「實際效果可能有所不同」，這完全取決於對方以及當下情境。

## 我怎麼知道它是否有效？

在本書第三十三頁，我就談到了基石對話的成功比你想像的更加微妙。我相信這個過程最有威力之處，在於它允許雙方持續談論這段關係的健康狀況。無論基石對話中的答案是什麼，你都釋放了能力，並與對方共同承諾要盡力維護這段關係。

# 如何更進一步、更深入一些（如何走得更遠、更深）

## MBS.works：解鎖你的卓越與不凡

我們提供信心、社群和方案來幫助你成就自己和他人的卓越與不凡。我們幫助你與他人有更美好的合作、也讓他人發揮出最佳水準。我們教授《你是來帶人，不是幫部屬做事》、《建議陷阱》（暫譯，The Advice Trap）以及本書中提及的各項實用工具。

我們幫助你找到下一件大事。根據《如何開始》（How to Begin）一書，我們有一個方案可以幫助你找到並開始追求自己的高價值目標（令人興奮、重要且令人畏懼的目標），並且有一個名為「陰謀」（The Conspiracy）的社群幫助你，找到實現該目標所需的支持和鼓勵。

## 蠟筆盒公司（Box of Crayons）：對您的真實組織挑戰感到好奇

我們相信，好奇心主導的文化更有韌性、更創新，也更成功。

我們是一家倡導學習和發展的公司，幫助組織從「忠告／建議導向」轉變為「好奇心導向」的企業文化。

我們提供以暢銷書《你是來帶人，不是幫部屬做事》和《建議陷阱》內容為架構的訓練方案。我們與大型公司合作，透過提出更多更好的問題來幫助參與者練習好奇心，抵抗「給出建議」的衝動；並在此基礎上設計步驟化流程，應對實際的挑戰。

下載《從麻煩製造者到變革製造者：如何利用好奇心來增強韌性和創新》白皮書，本書強調了好奇心可為組織帶來何種令人驚嘆的成果。請瀏覽 BoxOfCrayons.com 或掃描 QR code 了解更多詳情。

# 資源與研究

以下是我在撰寫本書時所學習及參考的最愛資源：

## 關於自我覺察及個人成長主題：

布芮尼．布朗（Brené Brown），《心的地圖：繪製有意義的連結及人性經驗語言》（暫譯，Atlas of the Heart: Mapping Meaningful Connection and the Language of Human Experience）：顯然人類的感覺遠遠超過我所描述的五種類型。

蘇珊．大衛（Susan David），《情緒靈敏力：哈佛心理學家教你四步驟與情緒脫鉤》：蘇珊是了不起的老師，我喜歡她在布芮尼．布朗播客節目中的受訪內容。

狄克．理查斯（Dick Richards），《你的天才運作中嗎？下段職涯開展前必先自問的四個關鍵提問》（暫譯，Is Your Genius at Work? 4 Key Questions to Ask before

Your Next Career Move）：書中充滿極有幫助的練習，引導你思考自己擅長什麼。

丹尼爾・席格（Daniel Siegel），《第七感：啟動認知自我與感知他人的幸福連結》：第一本讓我看了考慮去做心理治療的書。他提及各種可能的不同整合方式非常引人思考、也非常有幫助。

**關於人際關係動態主題：**

羅伯・波爾頓（Robert Bolton），《人際溝通技巧攻略：如何維護自己、傾聽他人以及解決衝突》（暫譯，People Skills: How to Assert Yourself, Listen to Others, and Resolve Conflicts）：至今出版超過四十年，讀來稍微沉悶，但充滿基本關鍵事實。

蓋瑞・巧門（Gary Chapman），《愛之語：永遠相愛的祕訣》：對於能發揮作用的欣賞提供了有幫助的洞見。

羅賓・鄧巴（Robin Dunbar）《朋友原來是天生的：鄧巴數字與友誼成功的

七大支柱》：「鄧巴數字」是一五零──這是我們能管理的關係數量。他在本書中解釋背後的原因（以及為什麼一五零不只是唯一重要的數字）。

約翰．高特曼（John Gottman），《七個讓愛延續的方法：兩個人幸福過一生的關鍵祕訣》：書中提到五個步驟來幫強化你的婚姻、家庭以及友誼。本書以研究結果為基礎，針對真正能創造成功的要素提供洞見。

亞當．格蘭特（Adam Grant），《給予：華頓商學院最啟發人心的一堂課》：以科學為基礎的論述，讓你瞭解為何健康的互惠是可行的。

埃絲特．沛瑞爾（Esther Perel）的播客節目《工作如何？我們該從哪裡開始？》：我喜歡聽她談論案主在治療期間的關係改變及演進。她的「從哪裡開始」遊戲也很棒。

菲莉帕．派瑞（Philippa Perry）在《衛報》（The Guardian）的專欄：她很堅定、慷慨，具有天賦能觸及許多更為微妙的動態。

泰倫斯．瑞亞爾（Terrence Real），《我們：超越你我的關係如何創造更多愛的關係》（暫譯，Us: Getting Past You & Me to Build a More Loving Relationship）：這本書很棒，但我認為他的線上課程更棒。

**關於衝突、戰鬥及決心相關主題：**

黎安．戴維（Liane Davey），《良性衝突：你今天欠了多少「衝突債」？組織心理學權威教你如何「吵」出團隊互信，提高工作效率，增進人際關係！》：尤其有助於瞭解「衝突可以成為團隊成長及組織成功的有益部分」。

茱蒂絲．漢森．拉薩特（Judith Hanson Lasater）及伊克．拉沙特（Ike KLasater），《我們說的話很重要：練習非暴力溝通》（暫譯，What We Say Matters: Practicing Nonviolent Communication）：在我能找到的書籍中，這本是把馬歇爾．盧森堡的非暴力溝通架構做實務運用寫得最棒的一本。

辛尼．諾布爾（Cinnie Noble），《成為衝突管理大師：引導你的問題》（暫譯，Conflict Mastery: Questions to Guide You）：關於衝突管理教練及調解的卓越之作。

亞曼達・瑞普立（Amanda Ripley），《修復關係的正向衝突：走進離婚、派系鬥爭與內戰，找到擺脫困境的解方》：提供許多緩和衝突的實用工具。

道格拉斯・史東（Douglas Stone）、布魯斯・巴頓（Bruce Patton）及席拉・西恩（Sheila Heen）合著，《再也沒有難談的事：哈佛法學院教你如何開口，解決切身的大小事》：以其回饋式對話的開創性論述而知名。

請連結 BestPossibleRelationship.com 或掃描 QR code，下載我在過去的著作中所推薦的珍選書單。

# 致謝

感謝瑪西拉（Marcella），你是我最棒的關係，也是我最棒的讀者。你的指引及鼓勵造就了這本書，就像造就我的其他本書一樣。

感謝 MBS.works 團隊。我們在這裡創造了一些很特別的事，我很感激有你們的協助。感謝安斯莉（Ainsley）、阿曼達（Amanda）、奧卓（Audra）、欣蒂（Cindy）、克勞蒂恩（Claudine）、潔西卡（Jessica）、莎拉 C（Sarah C）、莎拉 N（Sarah N）以及塔格巴（Tugba）。

感謝蠟筆盒團隊（BoX of Crayons）。看著你們在我退出第一線之後持續蓬勃成長，真是非常驚艷。特別感謝最棒的執行長，夏儂・米尼菲博士（DrShannon Minifie）。

感謝我的最佳辯友：傑森・福克斯博士（DrJason FoX）、寇特妮・霍恩（Courtney Hohne）以及凱特・萊依（Kate Lye）。你們的回饋帶來關鍵性的影響，讓這本書變得更好。

感謝「第二頁」（Page Two）團隊工作夥伴。這次是我與這個美好組織的第四度合作，我真心認為他們是出版業的絕佳典範。如果你有些不凡的書寫點子，那麼這個團隊就是你的不二選擇。特別感謝我的編輯肯卓・沃爾德（Kendra Ward）、我的設計師彼得・考金（Peter Cocking）、文案編輯珍妮・寇維兒（Jenny Govier）、銷售大師蘿倫・托爾（Lorraine Toor）、營運部高手蓋比・納斯戴（Gabi Narsted）、凱拉・莫菲特（Caela Moffet）、梅莉莎・川口（Melissa Kawaguchi），以及羅賓・蓋倫（Rony Ganon），行銷部的梅迪・泰勒（Maddie Taylor）及梅根・歐尼爾（Meghan O’Neill），以及創辦人崔娜・懷特（Trena White）與傑西・芬柯斯坦（Jesse Finkelstein）。

我在這本書做了一個實驗：提供早期書稿向讀者募集回饋。這整件事非常累人，但十分有用。感謝許多閱讀第二版書稿的讀者，斷然地將這本書推向另一方向，成為一本完全不同的書。希望以下的感謝清單沒有漏掉任何人：

艾琳・寇恩比（Aileen Coombe）、安斯莉・布利坦（Ainsley Brittain）、艾伯特・卡巴斯・維達尼（Alberto Cabas Vidani）艾力山卓・雷亞斯（Alejandro Reyes）、艾力斯・札卡拉（Alex Czekalla）、亞歷山大・利塞（Alexandra Lise）艾莉森・培林（Alison Parrin）、艾莉森・艾倫（Allison Allen）、艾莉森・戴爾（Allison Dell）、阿曼達・蓋維根（Amanda Gavigan）、安珀・卡索（Amber Caso）、安迪・卡廷頓（Andi Cuddington）、安卓・格梅茲–依弗根（Andrea Gomez-Ifergan）、安卓・漢納（Andrea Hannah）、安卓・米勒（Andrea Miller）、安卓・瓦納川（Andrea Wanerstrand）安德魯・克威爾（Andrew Cromwell）、安德魯・多倫（Andrew Dolan）、安德魯・基爾修（Andrew Kilshaw）、安德魯・史考特–布魯克斯（Andrew Stotter-Brooks）、安琪拉・昆恩（Angela Quinn）、安潔娜・巴斯卡倫（Anjana Bhaskaran）、安・舒特（Ann Schulte）、巴爾布・漢斯（Barb Haines）、芭芭拉・安・薛普（Barbara Ann Shepard）班・韋得森（Ben Widdowson）班傑明・惠普曼（Benjamin Wipperman）、貝利・梅利克

（Beri Meric）貝絲・湯普森（Beth Thompson）、貝茲・杜格斯（Betsy Dugas）、比爾・布瑞納（Bill Brennan）布萊爾・史廷貝（Blair Steinbach）、鮑伯・霍夫（Bob Huff）布妮塔・藍恩（Bonita Lane）、布萊德・弗爾得（Brad Field）、布蘭達・艾門（Brenda Ammon）、布利塔・克利斯汀生（Britta Christiansen）、布魯斯・摩根（Bruce Morgan）、凱文・史川（Calvin Strachan）、卡拉・威廉斯（Cara Williams）、卡洛・哈克特（Carole Hackett）、卡洛琳・費格瑞多（Carolina Figueredo）卡洛琳・葛文（Caroline Gwynne）、卡洛琳・夏恩（Caroline Schein）、卡洛琳・瓊斯（Carolyn Jones）、卡洛琳・奈勒（Carolyn Reimer）、卡洛琳・理查森（Carolyn Richardson）、卡洛琳・泰勒（Carolyn Taylor）、凱西・艾倫（Cathy Allen）、香塔爾・索恩（Chantal Thorn）、雪洛・洛爾（Cheryl Lower）、雪洛・奈勒（Cheryl Naylor）、克理斯・海根（Chris Hagen）、克理斯・魯布蘭諾（Chris Lubrano）、克理斯・泰勒（Chris Taylor）、克莉斯汀娜・弗洛溫（Christina Frowein）、克莉斯汀娜・瓦特（Christina Watt）、克里斯多

佛・彼得・梅克斯（Christopher Peter Makris，CPM）、欣蒂・史耐德（Cindy Snyder）、辛尼・諾布爾（Cinnie Noble）、克勞蒂・普力薩（Claudine Plesa）、寇妮・拉馮（Conni LeFon）、寇特妮・洪恩（Courtney Hohne）、丹・畢葛尼斯（Dan Bigonesse）、丹・龐迪佛拉克（Dan Pontefract）、丹恩・簡森（Dane Jensen）、達西・霍爾（Darci Hall）、戴洛・萊特（Darryl Wright）、戴夫・麥奎恩（Dave McKeown）、戴夫・史塔維克（Dave Stachowiak）、大衛・鮑德溫（David Baldwin）、黛博拉・奧尼薇（Deborah Aurianivar）、黛博拉・哈特曼（Deborah Hartmann）、黛博拉・斯克瑪（Deborah Sikkema）、黛博拉・布魯克斯（Debra Brooks）、黛博拉・泰勒（Debra Taylor）、德瑞克・希爾（Derek Hill）、戴瑟瑞・加西亞（Deseri Garcia）、迪米特拉・吉亞西（Dimitra Giatsi）、唐納・麥克雷（Donald MacRae）、艾德・蘇利文（Ed Sullivan）、艾琳・庫克（Eileen Cooke）、艾蓮娜・霍瑟姆（Elena Holtham）、艾密莉・倫迪・馬利特（Emily Lundi Mallett）、艾密莉・奧圖爾（Emily O'Toole）、艾瑪・艾萊特

（Emma Aylett）、艾琳・布蘭汀（Erin Blanding）、伊凡・史密（Evan Smith）、法蘭克・蒙特萊昂（Frank Monteleone）、法蘭克・阮（Frank Nguyen）、蓋布麗兒・瑪帝諾維奇（Gabrielle Martinovich）、蓋瑞・里奇（Garry Ridge）、喬治・克拉里迪斯（George Kralidis）、傑爾姆・杜蘭德（German Durand）、吉娜・羅傑斯（Gina Rogers）、格拉迪斯・布里尼奧尼（Gladys Brignoni）、葛瑞格・戴茨（Greg Deitz）、葛瑞格・托馬斯（Greg Thomas）、格斯・史戴尼爾（Gus Stanier）、葛文德・瓊斯（Gwenydd Jones）、海因里・夏普（Heinrich Scharp）、海倫・納莫弗（Helen Naoumov）、海倫・貝勒羅斯（Hélène Bellerose）、霍華・帕森斯（Howard Parsons）、伊恩・米爾恩（Iain Milne）、雅各布・摩根（Jacob Morgan）、傑克・雷丁（Jake Redding）、珍・德茲瓦特（Jan de Zwarte）、珍・盧斯福（Jane Ruthford）、珍妮特・韋恩斯坦（Janet Weinstein）、傑森・奇克西斯（Jason Chickosis）、傑森・艾沃特（Jason Ewert）、傑森・福克斯（Jason FoX）、傑森・菲利博特（Jason Philibotte）、珍妮特・托馬斯（Jeanette Thomas）、珍

妮・迪萊（Jeanine Delay）、傑夫・吉爾（Jeff Gill）、傑夫・拉布（Jeff Raab）、珍妮卡・文斯特拉（Jenica Veenstra）、珍・克魯格（Jenn Krueger）、珍娜・米尼菲（Jenna Minifie）、傑瑞・克萊姆斯（Jerry Klems）、傑斯柏・托森（Jesper Thorson）、傑西・索斯特林（Jesse Sostrin）、吉爾・墨菲（Jill Murphy）、喬・史蒂芬森（Jo Stephenson）、喬伊・伊文托（Joe Ilvento）、喬・惠廷希爾（Joe Whittinghill）、約翰・馬頓（John Mattone）、喬恩・納斯特（Jon Nastor）、喬納森・希爾（Jonathan Hill）、霍希・荷拉多（Jorge Giraldo）、約書亞・戈德（Joshua Gold）、喬薇・泰勒（Jowi Taylor）、喬伊思・克里斯簡森（Joyce Kristjansson）、茱莉安娜・莫里斯（Julianna Morris）、茱莉・克勞（Julie Clow）、凱倫・艾森爾（Karen Eisenthal）、凱倫・杭特（Karen Hunt）、卡西亞・塞梅特（Kasia Seremet）、凱特・布朗（Kate Brown）、凱特・萊伊（Kate Lye）、凱西・強森（Kathy Johnson）、凱・奧蘭德（Kay Aurand）、凱利・德瓦里（Kelly Drewery）、凱利・昆茲曼（Kelly Kunzman）、凱利・佩雷拉（Kelly Pereira）、凱

圖拉・霍莫斯利（Keturah Hallmosley）、凱文・D・王爾德（Kevin DWilde）、凱文・克諾漢（Kevin Kernohan）、希美子・曼普萊茲（Kimiko Mainprize）、克勞斯・克洛特（Klaus Krauter）、克里斯・簡森（Kris Jensen）、克里斯頓・羅伯茲（Kristen Roberts）、克里斯汀・考德威（Kristin Caldwell）、凱拉・戴弗羅（Kyla DevereauX）、L.J維奥（L.JViau）、羅恩・魯騰伯格（Laun Ruttenberg）、羅菈・加斯納・奧廷（Laura Gassner Otting）、羅利・桑西（Laurie Sanci）、藍卡・科圖索瓦（Lenka Kotousova）、萊斯利・海耶斯（Lesley Hayes）、萊斯利・沃茨（Leslie Watts）、琳達・馬洛里（Linda Mallory）、琳賽・麥克默里（Lindsay McMurray）、麗莎・福克斯（Lisa FoX）、麗莎・休（Lisa Hughes）、麗莎・史崔諾維奇（Lisa Sretenovic）、麗莎・華萊士（Lisa Wallace）、麗莎・扎利克（Lisa Zarick）、莉茲・布羅德（Liz Broad）、洛利・顧爾德（Lori Gauld）、洛利・哈汀（Lori Harding）、洛利・傑施克（Lori Jeschke）、路易斯・薩達納（Luis Saldana）、琳恩・菲爾德（Lynn Field）、琳恩・黑爾（Lynn Hare）、琳

恩・麥金尼斯（Lynn McGinnis）、瑪德琳・托利弗（Madelyn Toliver）、馬格迪・卡拉姆（Magdy Karam）、馬克・希爾德雷斯（Marc Hildreth）、馬克・霍夫曼（Marc Hoffman）、瑪喬利・馬爾帕斯（Marjorie Malpass）、馬克・艾利斯（Mark Ellis）、馬克・藍頓（Mark Lainton）、馬克・雷因斯巴赫（Mark Reinsbach）、馬克・西弗曼（Mark Silverman）、馬克・斯基林斯（Mark Skillings）、瑪麗・安・魯道夫（Mary Ann Rudolph）、瑪麗・卡爾卡尼斯（Mary Kalkanis）、瑪麗・謝爾頓（Mary Sheldon）、馬特・陶德（Matt Tod）、瑪雅・雷松（Maya Razon）、麥寇梅・亞當斯（McCormac Adam）、梅根・鮑（Megan Pow）、麥可・布蘭德（Michael Bland）、麥可・萊基（Michael Leckie）、麥可・麥奎爾（Michael McGuire）、麥可・莫利納羅（Michael Molinaro）、d3design 的密雪兒（Michelle @ d3design）、米歇爾・本寧（Michelle Benning）、米歇爾・麥考利（Michelle McCauley）、麥克・奧森（Mike Olsson）、米夏・古魯伯曼（Misha Gloubeman）、摩根・史托利（Morgan Storie）、納迪亞・巴蘭坦（Nadia Ballantine）、磯田成

美（Narumi Isoda）、娜塔莉・米勒–斯內爾（Natalie Miller- Snell）、妮婭姆・海蘭德（Niamh Hyland）、尼古拉斯・斯特林（Nicholas Stirling）、尼古拉・費雪（Nicola Fisher）、妮可・霍頓（Nicole Halton）、妮可・利德爾（Nicole Liddell）、奈吉爾・史坦尼爾（Nigel Stanier）、諾琳・牛頓（Noreen Newton）、奧贊・瓦羅爾（Ozan Varol）、帕德萊格・奧蘇利文（Padraig O'Sullivan）帕爾翰・杜斯達（Parham Doustdar）、保羅・艾倫（Paul Allen）、保羅・楚戴爾（Paul Trudel）、寶琳・李（Pauline Lee）、彼得・霍華德（Peter Howard）、菲爾・懷利（Phil Wylie）、普里娜・沙（Prina Shah）、瑞秋・阿塞洛（Rachael Acello）、瑞秋・戈曼（Rachel Gorman）、蕾妮・佛里曼（Renee Freedman）、瑞克・布朗（Rick Brown）、瑞克・伊凡諾維奇（Rick Yvanovich）、羅伯特・懷特豪斯（Robert Whitehouse）、羅賓・賈維斯（Robin Jarvis）、羅德里克・查伯特（Roderic Chabot）、羅納克・薛斯（Ronak Sheth）、魯斯拉納斯・米利奧納斯（Ruslanas Miliunas）、薩莎・魯西（Sacha Luthi）、桑德拉・L・施密特（Sandra

LSchmidt）、桑德拉・斯特霍恩（Sandra Stellhorn）、桑雅・雷司提克（Sanya Ristic）、莎拉・庫比基（Sarah Kubicki）、莎拉・諾曼（Sarah Neumann）、莎拉・菲爾普（Sarah Philp）、史考特・斯內登（Scott Sneddon）、肖恩・巴特曼（Sean Bartman）、夏奇拉・馬吉德（Shakila Majid）、香儂・米尼菲（Shannon Minifie）、莎朗・哈扎德（Sharon Hazard）、雪莉・馮思豪斯基（Shirley Von Sychowski）、肖莎娜・布魯姆（Shoshana Bloom）、賽門・弗萊徹（Simon Fletcher）、賽門・雷比（Simon Raby）、西妮德・康頓、（Sinéad Condon）、索尼・巴西（Soni Basi）、斯坦斯勞・比安基尼（Stanislao Bianchini）、斯特凡・內梅塞克（Stefan Nemecek）、斯坦納爾・耶勒（Steinar Hjelle）、史蒂芬妮・哈曼（Stephanie Hardman）、史蒂芬妮・麥克雷（Stephanie McRae）、史蒂芬妮・塔爾－多伯史坦 Stephanie Tower-Doberstein）、史蒂夫・莫里斯（Steve Morris）、史蒂芬・德索薩（Steven D'Souza）、史蒂芬・赫曼斯（Steven Hermans）、史都華・波拉德（Stewart Pollard）、斯圖爾特・克雷布（Stuart Crabb）、蘇・唐納利（Sue

Donnelly）、蘇・伊斯比（Sue Easby）、蘇珊・巴特利（Susan Bartley）、蘇珊・科雷特（Susan Collett）、蘇珊・林恩（Susan Lynne）、蘇西・麥克納瑪拉（Susie McNamara）、蘇珊娜・夏皮拉（Suzanne Schapira）、潭美・裘（Tammi Jew）、潭美・威廉斯（Tammy Williams）、塔拉・迪肯（Tara Deakin）、泰瑞・哈塞爾（Teri Hassell）、湯瑪斯・塞巴斯帝奧（Thomas Sebastiao）、桑利・貝（Thornley Bay）、蒂芬妮・福斯特・雷奇（Tiffany Foster Rech）、蒂娜・高・邁倫（Tina Kao Mylon）、托賓・史密斯（Tobin Smith）、托尼・麥克萊恩（Toni McLean）、崔西・費里（Tracy Ferry）、崔夏・羅爾斯（Tricia Rolls）、崔希・古奇（Trish Gooch）、烏瑪・仙堤尼（Uma Santini）、凡妮莎・雷（Vanessa Le）、維多利亞・派爾（Victoria Pile）、維普爾・馬爾霍特拉（Vipul Malhotra）、維維安・坎貝爾（Vivian Campbell）、惠特尼・欣肖・蘇利文（Whitney Hinshaw Sullivan），以及蘇茲珊娜・奧尼爾（Zsuzsanna O’Neill）。

讓自己擁有足夠的勇氣與膽量，
夢想得到絕佳的工作夥伴關係。

——賈桂琳．諾沃格拉茲（JACQUELINE NOVOGRATZ）

# 作者簡介

## 關於麥可・邦吉・史戴尼爾

大家好，我是麥可，有時也被稱為MBS。這是我的第八本書。如果你知道我的其他著作，最有可能的是《你是來帶人，不是幫部屬做事》，這本書已售出超過一百萬冊，是本世紀最暢銷的教練書籍。在此之前的一本是《如何開始》（How to begin）（設定高價值目標，成就你自己的卓越與不凡），在二零一一年，我創作並編輯了《終結瘧疾》一書，這是我與賽斯・高汀（Seth Godin）合作編寫的一本書，該書募集到四十萬美元用於消除瘧疾。

我創立了蠟筆盒公司（BoX of Crayons），這是一家倡導學習和發展的公司，培訓世界各地的學員，讓他們變得更像教練（BoxOfCrayons.com）。目前，我的大部分心力都放在 MBS.works 上，在這裡，我們為人們提供重要的資源與社群，協助大家變得更好，並成為改變的力量。

還在讀嗎？好的，那我繼續。我的其他亮點包括：有段近三十年的幸福婚姻、擔任我的 U13 足球隊隊長、在 TEDX 發表的演講已有約一百五十萬人觀看、曾擔任布芮尼・布朗播客的訪談來賓、知道如何調製大量美味的雞尾酒、身為羅德學者、曾被法學教授提告誹謗、在多倫多度過了二十多個冬天、在大學滑稽劇中表演「裸男麻豆」小品、在發明「芝心披薩」和「被提名為美國史上最糟的單一麥芽威士忌」中，扮演了一個小角色，以及與父母、兩個兄弟以及他們的家人感情融洽。

獲取額外資源和資訊的最佳方式是透過 MBS.works。我使用的其他社群媒體包括 LinkedIn、Instagram（@mbs_works）和 Twitter（@mbs_works）。

## 麥可．邦吉．史戴尼爾的其他著作

《如何開始》（暫譯，How to Begin），二零二三年出版：找到你的下一件大事：一件令人興奮的、重要的、令人害怕的事。

《建議陷阱》（暫譯，The Advice Trap），二零二零年出版：馴服你內心的「建議小怪獸」，讓你表現得更像個教練。

《你是來帶人，不是幫部屬做事：少給建議，問對問題，運用教練式領導打造高績效團隊》：百萬銷量佳作，讓教練式領導不再是件奇怪的事，協助人們保持更久一點的好奇心。

## 如何更長期地保持好奇心

基石對話的五個核心問題以及這本書都要求你做一件大事：保持好奇心。這並不像聽起來那麼容易。事實證明，我們都是喜好提供建議的狂人，提出一個好問題、然後保持安靜並傾聽答案是很難辦到的。

這就是我寫《建議陷阱》這本書的原因。本書向你展示如何克服內心深處對「保持好奇心」的抗拒，並務實地馴服內心的「建議小怪獸」。

以下該書的第一章內容。你可以在各大圖書通路購買到本書。

附註：當我在布芮尼・布朗的播客上提供教練輔導示範時，她認為「建議陷阱」的方法「非常聰明」。

又附註：你也可以在 TheAdviceTrap.com 購買本書並下載其他延伸資源。

# 搶先閱讀——
# 《建議陷阱》第一章

## 容易的改變與艱難的改變

爲什麼弄清楚你的新手機很容易，
但堅持你的決心卻很難。

## 兩種類型的改變

每個人都說「改變是困難的」，但老實說，大多數時候情況並沒有那麼糟糕。你在生活中學到了很多、也改變了很多。學會如何串流電影和電視節目？是的，你做到了。開始一份新工作，並在足夠快的時間內掌握其中竅門？當然。通往辦公室的新路線、工作中的新技能、專業上或個人上的新關係——你一開始不知道、然後弄清楚、做了一些練習、變得更好一些，到最後精熟掌握了它。這就是「容易的改變」，而你非常擅長這一類改變。

但也有一種改變是困難的。如你所料，這類的改變比較棘手。你在艱難的改變中取得了成功，但你也經歷過掙扎和失敗。如果你曾經下過新年新決心，然後不斷地回復原狀、回復、回復……再次回復，無法破解其中魔咒……那可能就是個艱難之變的挑戰。如果你無論如何努力改進，在年度績效評估中總是收到相同的回饋，那麼這也可能是個艱難的改變。如果你因為持續做某件事而讓配偶抓狂，即使你不想繼續那麼做，那對你來說也是個艱難改變大挑戰。

「容易改變」之所以相當直接，是因為你可以看到問題並思考出解決方案。那個解決方案是附加的：弄清楚自己需要什麼，並將它與既有的做事方法結合。就像在手機上下載一個新的應用程式一樣。

「艱難改變」就比較困難，因為令人沮喪的事實是：「容易改變」的解決方案行不通。你已經嘗試過那些解決方案、然後試了又試。下載新的應用程式沒有作用，最後反而得到很多未使用的應用程式。你實際上需要的，是安裝新的作業系統。

## 容易改變的經驗

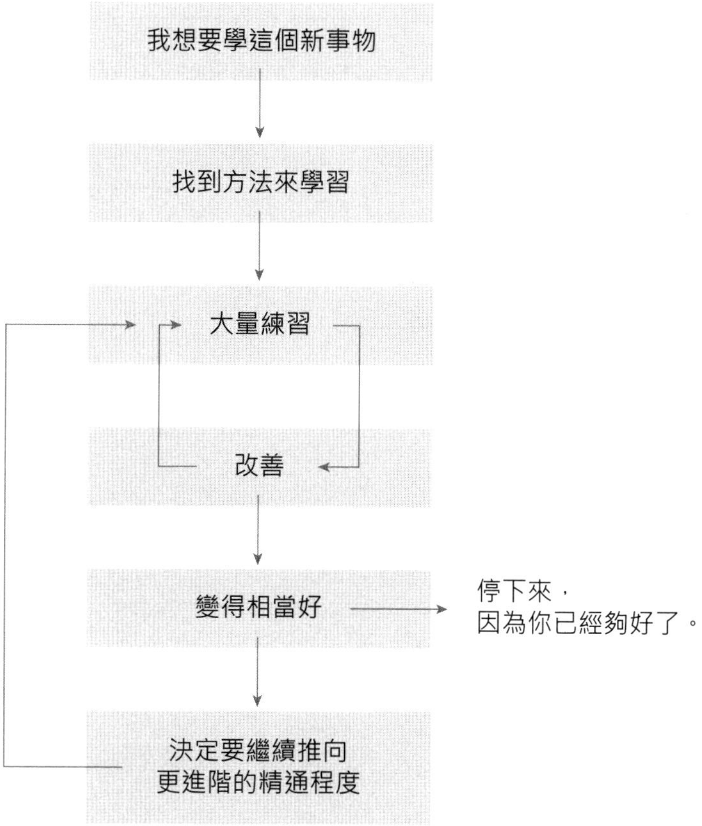
我想要學這個新事物
找到方法來學習
大量練習
改善
變得相當好
停下來，
因為你已經夠好了。
決定要繼續推向
更進階的精通程度

## 艱難改變的經驗

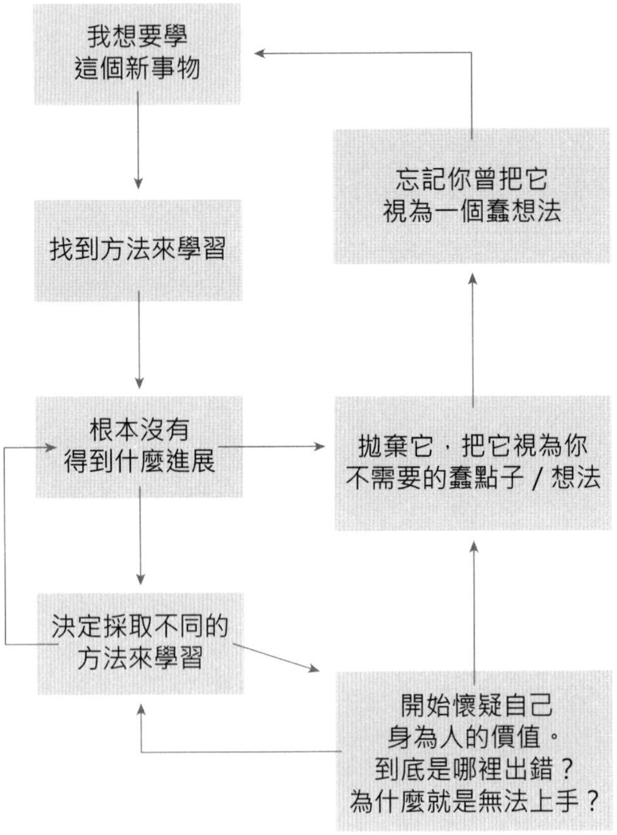
我想要學
這個新事物
找到方法來學習
根本沒有
得到什麼進展
決定採取不同的
方法來學習
開始懷疑自己
身為人的價值。
到底是哪裡出錯？
為什麼就是無法上手？
拋棄它，把它視為你
不需要的蠢點子／想法
忘記你曾把它
視為一個蠢想法

## 變得更像教練並馴服內心的建議小怪獸？這是個艱難的改變

對各位當中的一些人來說，變得更接近教練領導風格是一種容易的改變。我曾收到那些幸運之人寫電子郵件給我：「我讀了《你是來帶人，不是幫部屬做事》之後，改變了我的領導方式，這是個奇蹟！」我很喜歡這些電子郵件。但這就是問題所在。我也知道大多數人並沒有經歷這樣的奇蹟。我當然花了些時間才理解到這一點。

馴服你的建議小怪獸是個艱難改變，就是這樣。當某件事是艱難改變時，我給你最好的教練式問題也不會產生太多可持續的變化。在這些工具變得真正有用之前，你必須成功地應對這個「更接近教練領導風格」的艱難改變。

結果，這是一場「現在的你」和「未來的你」之間的戰鬥。

艱難改變：你不需要新的應用程式，
而是需要一個新的作業系統。

## 現在的你與未來的你：棉花糖難題

容易的改變修補現在的你，而艱難的改變則塑造未來的你。這相當於知名棉花糖測試的成人版本：在這個知名實驗中，孩子們會拿到一塊棉花糖，然後做出選擇：十五分鐘內不吃它，就可以得到第二塊棉花糖……未來的你獲勝！或者，屈服於誘惑，現在的你就會擊出「一塊棉花糖」的安打……但未來的你輸了。

艱難改變包括對目前為止對「現在的你」有效的一些做法說「不」。現在說「不」可以讓你對未來獎賞的承諾說「好」。你正在玩一場更長期、更艱難、格局更大的遊戲，並且不斷受到選擇短期勝利的誘惑。你有可能改變自己的信念和價值觀、角色和關係，以及在世上呈現的模樣。這很不舒服，而且很困難，但這也會改變你的一生。

在建構「未來的你」時，可能會遇到挫折。重新陷入無益的模式可能會讓人感到沮喪和有點尷尬。畢竟，你可能不是第一次聽到「提供建議並非總是最好的領導形式」這種說法。你可能至少見識過「提供建議不發揮作用」的三個原因其中任一種：問題錯誤、解決方案錯誤和／或領導錯誤。你可以認出它們，因為那就是日常工作方式的一部分。它們之所以一直被作為預設的工作方式，就是因為「現在的你」（屈服於內心的「建議小怪獸」）正在勝過「未來的你」（這需要你保持更長時間的好奇心）。

光是知道自己應該更像教練是不夠的。光是致力於改變是不夠的。要打破舊模式並馴服內心的建議小怪獸，你需要的不僅僅是洞察力和承諾。首先要探究的是：我們為什麼喜歡那樣做。

▼延伸閱讀：你可以閱讀最近在蠟筆盒實驗室進行的棉花糖實驗相關爭議之報導。

## 功能失調的好處

你會做出功能失調的行為，因為這並非全然是壞事。你會從這種行為中獲得某種好處，即時的小勝利，即使那不是你真正想要的。那對「現在的你」來說是個短期的改善，即使你為此而交換了「未來的你」可能獲得的更大勝利。這些是「＃似贏非贏的勝利」（#WinsNotWins）。

卡普曼戲劇三角（The Karpman Drama Triangle，ＫＤＴ）是我在《你是來帶人，不是幫部屬做事》一書中引用的模型，它是「現在的你取得小規模的＃似贏非贏的勝利」與「未來的你大大損失」相結合的完美例子。史蒂芬．卡普曼（Stephen Karpman）醫學博士創建了一個模型來解釋人際溝通分析（Transactional Analysis，ＴＡ）治療方法中發現的動態，其中揭示了三種日常功能失調角色的模式：受害者、迫害者和拯救者。

當你處於ＫＤＴ中扮演這些角色之一時（相信我，你在不同的時間扮演過這所有角色，甚至可能就在過去的二十四小時內），會有短期的、有限的好處，以及長期的壞處。扮演受害者的角色時，你付出了相當大的代價：你陷入困境、無能為力、發牢騷，你悲傷、憤怒，正在建立一個自己不想要的聲譽……然而，這些「#似贏非贏的勝利」讓你能夠將這種情況歸咎於他人（都是「他們」害的），逃避責任，並成為那些熱愛拯救受害者之人所關注的中心。

你也可能陷入迫害者的角色。壞處是：你很沮喪、憤怒、大叫、孤獨、筋疲力盡、不知所措。「#似贏非贏的勝利」讓你可以責怪他人把事情搞砸，感覺自己比其他共事的那些不中用的傢伙們更高一等，維持一種控制的假象，並且有正當理由發怒。

打造未來的你，而不是修補現在的你。

再來還有拯救者角色，這是大多數人很快就會連結的角色。你付出的代價是巨大的：你精疲力竭，困在無休止的跑步機，試圖修復每個人和每件事。你感到沮喪，因為你無法去做自己該做的工作，因為你凡事插手、到處干預。雪上加霜的是，你知道人們無法自己完成事情，因而使戲劇三角持續存在，並連帶創造出受害者和迫害者。對這樣的角色來說，「#似贏非贏的勝利」代表一種高貴受苦之感，因為沒有人欣賞你如何努力拯救個人／情況／團隊／組織／世界，此外還有干預他人事務（當然是以一種好的方式）的樂趣。

## 工作開始了

透過「#似贏非贏的勝利」，你會在自己所做的每一個選擇中，看到我的朋友馬克．鮑登所說的「獎品和懲罰」。事情總是有好處，也總會有代價。「現在的你」因為不改變而獲得短期利益，就錯過了「未來的你」所可能的獲益。當你接受「艱難改變」挑戰時，就等於宣告要為「未來的你」選擇更大、更長期的獎賞。

要成為一個重視領導力的「未來的你」，需要馴服內心的建議小怪獸。這對我們大多數人來說都是艱難的改變。接下來的章節，我們會來談談如何讓「艱難改變」變得更容易。

## 本章對你來說，最有用或最有價值的是什麼？

在繼續閱讀之前，請思考一下，你最想從本章中記住哪一兩件事？請把答案寫下來，增加你記住它們的可能性。

高寶書版集團
gobooks.com.tw

**RI 390**
**沒有搞不定的工作，只有沒搞好的關係：把同事、部屬和客戶通通變成神隊友！用五個關鍵提問改善關係，合作效益最大化**
**How to Work with (Almost) Anyone: Five Questions for Building the Best Possible Relationships**

作　　者　麥可．邦吉．史戴尼爾（Michael Bungay Stanier）
譯　　者　林宜萱
責任編輯　陳柔含
封面設計　林政嘉
內頁排版　賴姵均
企　　劃　陳玟璇

發 行 人　朱凱蕾
出　　版　英屬維京群島商高寶國際有限公司台灣分公司
　　　　　Global Group Holdings, Ltd.
地　　址　台北市內湖區洲子街 88 號 3 樓
網　　址　gobooks.com.tw
電　　話　（02）27992788
電　　郵　readers@gobooks.com.tw（讀者服務部）
傳　　真　出版部（02）27990909　行銷部（02）27993088
郵政劃撥　19394552
戶　　名　英屬維京群島商高寶國際有限公司台灣分公司
發　　行　英屬維京群島商高寶國際有限公司台灣分公司
法律顧問　永然聯合法律事務所
初版日期　2024 年 10 月



國家圖書館出版品預行編目（CIP）資料

有搞不定的工作，只有沒搞好的關係：把同事、部屬和客戶通通變成神隊友！用五個關鍵提問改善關係，合作效益最大化 / 麥可．邦吉．史戴尼爾 (Michael Bungay Stanier) 著；林宜萱譯 . -- 初版 . -- 臺北市：英屬維京群島商高寶國際有限公司臺灣分公司，2024.10
　面；　公分 .--（致富館；RI 390）

譯自：How to work with (almost) anyone

ISBN 978-626-402-075-6( 平裝 )

1.CST: 人際關係　2.CST: 人際傳播 3.CST: 職場成功法

494.35　　113013064